住宅物语

营造舒适空间的十个提案

[日本]八岛正年 [日本]八岛夕子 著

张小娟 译

U0283246

![R] 江苏凤凰科学技术出版社 · 南京

10 NO SUMAI NO MONOGATARI

©MASATOSHI YASHIMA & YUKO YASHIMA 2021

Originally published in Japan in 2021 by X-Knowledge Co., Ltd.

Chinese (in simplified character only) translation rights arranged with

X-Knowledge Co., Ltd.

江苏省版权局著作权合同登记：图字：10-2021-517

图书在版编目（CIP）数据

住宅物语：营造舒适空间的十个提案 /（日）八岛
正年,（日）八岛夕子著；张小娟译. -- 南京：江苏凤
凰科学技术出版社，2022.3
　ISBN 978-7-5713-2822-1

　Ⅰ.①住… Ⅱ.①八… ②八… ③张… Ⅲ.①住宅-
建筑设计 Ⅳ.①TU241

中国版本图书馆CIP数据核字(2022)第033481号

住宅物语　营造舒适空间的十个提案

著　　　者	[日本]八岛正年　[日本]八岛夕子
译　　　者	张小娟
项 目 策 划	凤凰空间／陈　景
责 任 编 辑	赵　研　刘屹立
特 约 编 辑	李雁超　黄鸿伟
出 版 发 行	江苏凤凰科学技术出版社
出版社地址	南京市湖南路1号A楼，邮编：210009
出版社网址	http://www.pspress.cn
总 经 销	天津凤凰空间文化传媒有限公司
总经销网址	http://www.ifengspace.cn
印　　　刷	北京军迪印刷有限责任公司
开　　　本	710 mm×1000 mm　1／16
印　　　张	14
字　　　数	224 000
版　　　次	2022年3月第1版
印　　　次	2022年3月第1次印刷
标 准 书 号	ISBN　978-7-5713-2822-1
定　　　价	78.00元

图书如有印装质量问题，可随时向销售部调换（电话：022-87893668）。

前言

　　初入建筑设计行业时，每当完成一个项目，我们都非常欣喜。将住宅交给住户前，为了记录设计作品的原样和我们中意的细节（各处收纳）、金属类装饰、照明等，总是会请摄影师拍摄"空房子"的照片。现在回想起来，那时的光景真是令人怀念。当时，摄影主要采用胶片拍摄，费时又费力，容错率低，为了拍出既包含整体布局又凸显空间设计理念的照片，我们总是严格选片，从早上拍到夜晚。如今，回想当初究竟为何执着于用照片记录"空房子"时，我们发现，之所以热衷于用照片记录尚无烟火气息、家具及日用品的住宅，并非出于对住宅本身的兴趣，而是因为我们对"原模原样"的建筑感兴趣。

　　之后，出自我们之手的建筑不断增加，我们也逐渐意识到，很难通过"空房子"的照片让前来咨询的客户切实感受到入住后的生活实况。这让我们想起刚进入建筑行业不久后承接的一个幼儿园项目，拍照时我们将孩子们也拍了进来。因为有孩子们的身影，照片显得富有生命力及张力，更能向

人们传递生活的气息。我们明知道，建筑正因人们使用，在其中居住、生活才成为住宅，接着才能向他人传达它的魅力，却在无意间陷入眼中只剩建筑本身的怪圈。

最近，我们很少去拍刚竣工的住宅，而是过一段时间，等住宅中有了烟火味再去拍摄。当所拍照片中的住宅被桌椅、画作、照片、葱郁的树木等填满，透过照片可感受到住户的生活实况时，才能展现住宅的真正魅力。

此外，我们平时也会画素描。"从这个窗户往外看可见院中红叶，远处有一条长椅……""在客厅放一组沙发，在餐桌上方安装吊灯……""日光透过树叶的缝隙落在沙发上，可以在这里惬意地午睡……"我们在画素描时便会畅想这些场景，并将其呈现在画中。素描展现了具体的生活场景，可以让那些不擅长观看设计图及住宅模型的客户直观明了地理解住宅设计。对我们来说，最开心的事莫过于交房时客户的一句"真的和素描一模一样啊"。

在撰写本书之际，我们重新思考了应该如何向读者介绍我们的设计作品这个问题。书中除了介绍设计理念外，我们还亲自拜访了各个住户并对他们进行了采访。通过记录每位住户的感想及生活方式、拍摄日常生活照片、附加设计理念解说及绘制简单易懂且涵盖诸多要素的住宅俯瞰图等，展现住宅的魅力所在。希望包括同行在内的各行各业的人士能够阅读本书。

本书将为大家详细介绍十所住宅、十户人家的生活及故事。希望广大读者在阅读本书后，能够试着重新审视自己习以为常的住所及生活。

八岛正年、八岛夕子

目录

林中图书馆

位于大鹰之森的住宅

这里曾是一大片树林，为了吸引野生鸟儿驻足，特意将庭院设计成景观式庭院。

在这里，可全身心沉浸于天地间，近距离感受大自然，也可徜徉于书海与文具藏品的世界，悠闲度日。

这是一个开放式景观庭院，
野生鸟会在此驻足。沿房屋
外围行至玄关，随楼梯自然
地进入半地下空间。

客厅地面低于马路 70 cm。转角
处的窗户呈长方形，无梁柱遮挡，
视野开阔，不远处的草坪及水池仿
佛触手可及。

穿过玄关后，葱葱
绿意及泱泱书海便
映入眼帘

缓慢走过石阶，再沿玄关下两级台阶后，便到了客厅。从客厅向庭院望去，可以看到阳光从树叶的缝隙中斑驳洒下，给庭院带来无限生机。

"刚才，我在院子里看到了一对斑鸠。"八岛先生一脸开心地说道，"这是吸引鹎鸟的苹果树，对面是山雀的巢箱。不知是不是因为这一带食物比较丰富，鸟儿要比市区的有活力得多。"八岛先生接着说。正是因为这栋住宅，八岛先生开始喜欢上野生鸟类。

书、野鸟、文具

屋主 H 夫妇二人都是大学教师，他们大约在十年前买下了这块位于流山市内的地皮。购买时这里正处于开发阶段，由于开发时间超出预期，从他们第一次拜访八岛先生后的几年间，这里一直处于空置状态。H 夫妇希望新家既能有放得下足够多书的书架，又要有能吸引鸟儿驻足的庭院。他们甚至还给了八岛先生一本名为《可吸引鸟儿驻足的庭院设计方法》的书，供他参考。八岛先生拿到书后认真研究，在学习过程中不知不觉也喜欢上了鸟类，喜欢程度堪比 H 夫妇。

满壁书籍中大部分是 H 先生的藏书，小时候读过的儿童读物和漫画，以及近代文学、古典文学、美术、建筑、历史、民俗学、自然科学等科目的书应有尽有。H 夫妇都是大学教师，H 先生的专业是物理学，H 女士的专业是核工程，他们将专业相关书籍全部放在大学研究室，而家中书架上放的全是与兴趣爱好相关的书籍。另外，H 先生喜欢收藏铅笔，其收藏的辉柏嘉牌文具数量多到可以开一个小型收藏馆。这些书籍和收藏都是 H 夫妇的宝物，令人百看不厌。

左　院中栽有结果实的树木，以吸引野鸟驻足。
右　房子高度低于周边建筑，外围有矮墙和树木，隔绝外界干扰。

上　经常过来做客的斑鸠"夫妇"。

下　H先生是日本数一数二的辉柏嘉牌文具收藏家。图片中的铅笔产于 19 世纪，通过网购入手。

"我们的书很多，市面上的商品房根本放不下。"H夫妇二人说道。为了选中合适的房子，他们购买了很多建筑类杂志，花尽心思寻找极具特色的书架，和玄关至庭院景色优美的房子，最终决定交给八岛建筑设计事务所设计。

"想要一个可以观察野生鸟类的庭院。"这是H夫妇对于庭院的要求。于他们而言，庭院和书同等重要，这究竟为何呢？谈起这一点，H夫妇仿佛一下子从大学教师变成了小孩子。"我们曾经在流山市租了一栋房子，搬过去之后，看到有两只叫不出名字的小鸟在院子里捡树枝。真是没想到能么近距离地看到小鸟，它的喙和脚是黄色的，查了一下才知道原来是灰椋鸟。"H女士说。查完鸟类之后，他们又对树木产生了兴趣。世界上有很多种树木，比如有冬天会结果供鸟儿食用的树木，有分别生长于干燥地区和湿地的树木，还有喜阴的树木等。"我们在了解这些的过程中，不知不觉就开始思考这一带适合栽种哪类树木、这种树适合种在庭院的哪个位置等问题。光是思考这些问题就会让我们开心，生态系统真是太有意思了。"H夫妇补充道。

据说这一带未进行区域规划前，这块地皮内有一大片繁盛的树林，其中有一棵朴树，大到两个成年人手拉手都无法绕树一圈，可惜后来被砍伐了。"仔细想想，其实我们也是树木砍伐群体中的一员。虽然算不上赎罪，我们还是在庭院里种了朴树。"H夫妇说。从流山市的宣传得知，这一带以前是照叶林，主要生长有米槠、橡树及红楠等，于是H夫妇在院中也种了这三种树。

左　客厅的台阶拥有"赏鸟"的最佳视角。
右　客厅里面摆放着美术及文学类的相关书籍。

餐厅用柳安吊顶，营造出屋顶低沉、安静沉稳的氛围。左手边内侧的玻璃柜里陈列着各式各样的文具藏品。

"因为客厅低于地面，所以为保持空间的宽敞感，就将客厅的屋顶设置得较高。"八岛先生说。从二楼左手边卧室窗户往下看便可一览庭院风光。

林中图书馆

H夫妇想要一个不需要花费太多时间整理的田园派庭院，对此，八岛先生提出了"林中图书馆"这一概念。

"将客厅设置成低于地面，不仅可以与外部的联系更加紧密，还可以控制房子整体的高度。不过最主要的原因，还是考虑到今后周边新建任何建筑，都不会对房子产生不良影响。"八岛先生说。

"我第一次来这里实地调查时看到的光景，与区域规划后的情景截然不同。整顿过后这一带的竹子、树林都没了。也许，等到房子建成后，这一带会变成一个繁华的地方。我意识到，我应该通过自己的方式来保护自然。"于是八岛先生将本应高于地面约30 cm的区域设计为低于地面约70 cm的下沉式空间，并以矮墙作为围墙。八岛先生说："当庭院里的树木繁茂到一定程度后，房子就会被遮住。我们觉得这样就好，隐于林中的房屋与H夫妇的气质极其契合。虽然也想设置更多活动空间，但房子自身的结构形状并不是第一位的，应该更加注重生活。"

为了吸引鸟儿驻足，需要设置一条贯穿庭院的平坦的长形通道。而庭院的面积大了，对其进行修整时也需要相应的空间。"希望每天都能在石阶路上走一走，欣赏庭院的景致。而且如果将客厅做成下沉空间的话，让人在不知不觉中进入这个半地下空间，不是更加自然吗？"这就是八岛先生将玄关位置设计在里侧的原因。

石阶附近的池塘也很引人注意。"我在之前租的房子门口放了花盆，本来打算种荷花。但妻子说荷花容易招蚊子，不如再养些金鱼，于是我就养了金鱼。之后再也没冒出种荷花的念头。"H先生笑着说。

小池塘完工后，造园工人为了确认池塘是否可用，往池中放了青鳉鱼，自此H夫妇就迷上了青鳉鱼。之后又买了6条泥鳅，再后来又买了3条蝾螈放入池中。但是5分钟不到蝾螈就不见了踪影。

左　洗漱间，连接二楼卧室和浴室。二楼地板整体效果和谐统一。

右　为了吸引鸟类驻足，在庭院一角设置了假山，假山下有小池塘。

H 先生也喜欢收藏以前文具店使用的什物。

H 先生总是坐在玻璃柜前面的位置。一说起铅笔，他就滔滔不绝。

收藏品集聚地，H 先生的宝地。

玄关的对面是书房。

心仪的家具及充满
回忆的书籍，放空
自己，滋润心灵

厨房吧台下面陈列着 H 先生小时候读过的儿童读物。桌椅是在木制家具展会上买的，听说当时一眼就相中了。

最近，雌金鱼进入产卵期，为了防止金鱼互相追逐，干扰产卵，H夫妇每天都会加以照料。他们每天回家后第一件事就是去池塘里看看，撒些鱼饵，到了晚上还会拿着手电筒观察池塘里的泥鳅。"泥鳅一般是晚上出来活动，如果直接打光观察会把它们吓跑，所以只能借助间接光观察。"H夫妇笑着说。

足不出户，尽享森林之美

"林中图书馆"的外部生机盎然，内部是可以自由环绕走动的回字形设计。玄关两侧是书房和客厅，满墙的书环绕四周。这样一来，用水区和楼梯就必然集中到房屋中心。东面和南面的玻璃窗连接在一起，宛如水族馆中的大水槽。客厅地板低于地面，显得白色的挑空很高，挑空的对面就是二楼卧室，从这里透过客厅窗户向下看，可看到池塘中的金鱼。

"我一个人在家时，总坐在餐桌旁看外面的鸟儿。一般是麻雀先来，接着是斑鸠。中午没什么鸟儿来，等到下午三点过后，鹌鸟就来了。到了傍晚很多鸟儿都会过来觅食，天黑后，它们就都回去睡觉了。就这样，我的一天也结束了。这样的日子能够放松身心，我不禁会感叹，生活真是太美好了。"H女士笑着说。

谈及在这里的生活，H夫妇总是滔滔不绝，比如泥鳅死了、铅笔的话题、对童话《不不园》的回忆等。当我在听H夫妇讲述的过程中，脑海中不禁浮现这样的场景——在傍晚时刻听着钢琴协奏曲，坐在客厅一角安静地看书。希望有一天H夫妇能在这里开一家书吧。

左　书架上有单行本、外文书、口袋书等，根据书籍大小定制了格子大小不一的书架。
右　充满时代感的书脊上有各种人脸表情。

与客厅一样，书房也位于室内一角，仿佛与庭院融为一体。

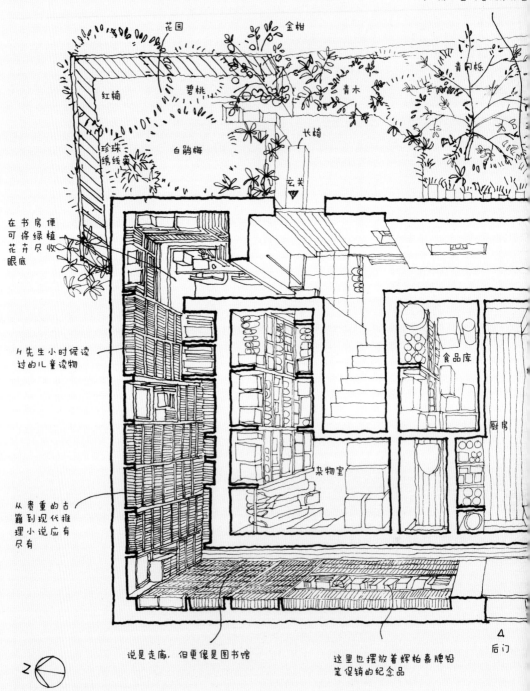

因为木制拉门、屏风、薄
纸窗嵌在这堵厚实的墙
内，所以室内看起来很整

花园　　金柑

红楠　　碧桃　　青木　　青冈栎

珍珠
绣线菊　　白鹃梅　　长椅

玄关

在书房便
可将绿植
花卉尽收
眼底

K先生小时候读
过的儿童读物

食品库

厨房

杂物室

从贵重的古
籍到现代推
理小说应有
尽有

说是走廊，但更像是图书馆

这里也摆放着辉柏嘉牌铅
笔促销的纪念品

后门

N

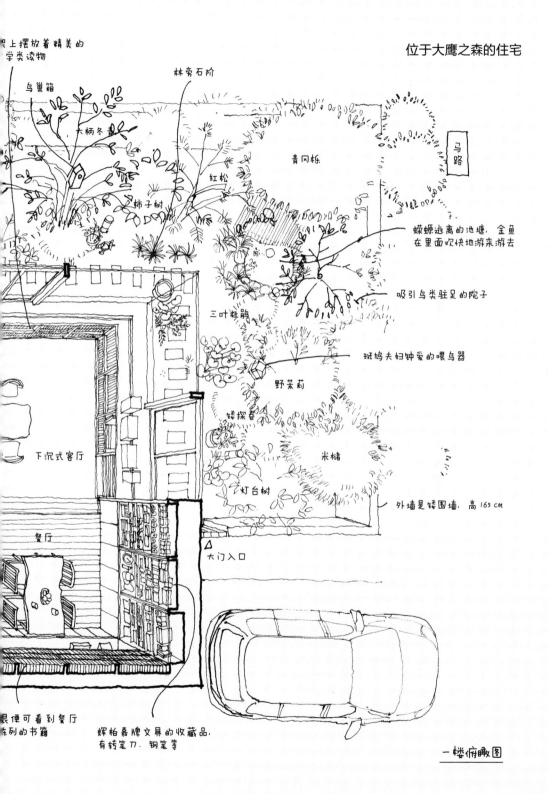

架上摆放着精美的
学类读物

鸟巢箱

林荫石阶

大柄冬青

红松

柿子树

青冈栎

马路

蝾螈逃离的池塘，金鱼
在里面欢快地游来游去

吸引鸟类驻足的院子

三叶杜鹃

斑鸠夫妇钟爱的喂鸟器

野茉莉

矮探春

下沉式客厅

米槠

灯台树

外墙是矮围墙，高 163 cm

餐厅

大门入口

眼便可看到餐厅
系列的书籍

辉柏嘉牌文具的收藏品，
有转笔刀、钢笔等

一楼俯瞰图

23

浓淡相宜

　　这里曾是一派田园风光,有老鹰栖居,有大片的树林农田,到处都是土路。近十年,该地区被大规模开发,一栋又一栋住宅楼拔地而起,样貌已不同于往昔。客户想要一个既能观察植物和野生鸟类,又能陈列大量书籍及精致文具的房子。"书陈列在触手可及的地方,随时随地都能听到鸟叫声……"在畅想这些场景时,脑海中浮现出来的就是"林中图书馆"。

　　当时为了修建住宅楼及道路,人们将周边的树木砍得精光。若想吸引野鸟驻足,就要在庭院设计上下功夫。鸟类喜欢植被繁茂程度适中、可以肆意翱翔的长形空间。这块地皮正好南北呈长方形,于是我们决定在西北侧修建房屋,东南侧修建长方形庭院。另外,观赏庭院的绿植及鸟儿需要一扇大玻璃窗,而书架及收纳处则需要长形墙壁。为了与这种对比风格统一,我们在设计中加入了很多对比元素,比如开放和封闭、明亮和阴暗、物品的杂乱堆积和整齐摆放等。

　　一楼中间是厨房、食品区、楼梯、玄关收纳区等,周边是客厅、餐厅和书房,走廊为回字形设计。房屋以中心为界分为明区和暗区,东南方向是客厅,光线充足;西南方向是用餐区,光线较好;西北方向则是封闭式书库,无光线进入,东北方向是书房,光线略暗,可使人静心读书。

　　为了能够观赏鸟儿翱翔及戏水的场景,我们将客厅设计为下沉式,低于地面约 70 cm。这样一来,当人坐在椅子上时,刚好可以看到地面。为丰富视觉享受,在庭院中修建了假山,地上则种植各类花草,地势有高有低,凸显出层次感。另外,我们还限制了用于遮挡室内空间的外围墙高度,从而减轻房屋给街道带来的压迫感。有了这堵墙后,即便开着窗户,过路人也无法窥见室内,让人可以自在地生活。并且,由于细致考量了书架尺寸,书籍可以完美收纳其中,十分整齐。

　　二楼也是回字形设计,有两间面朝挑空的卧室、一个小佛堂及一间盥洗室。收纳区统一安装了白色柜门,以减少居住者看到的信息,营造简洁、舒心的氛围。

　　与设置众多书架及大玻璃窗的环形走廊这一大主题不同,室内装修通过合理搭配颜色浓淡,营造舒适的居住环境。希望我们设计的住宅中能够有多处让住户感到满意的地方。

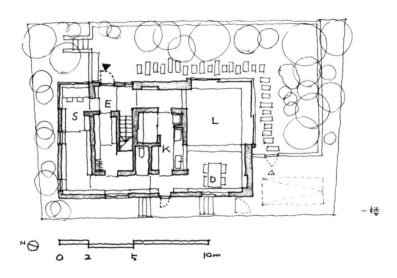

二楼

一楼

N

0 2   5   10m

住宅平面图

建筑信息

地址：日本千叶县流山市

总面积：256.20 m²

使用面积：168.07 m²（一楼：92.09 m²，二楼：75.98 m²）

竣工时间：2018 年

* 注：图中字母 A 为工作室、B 为卧室、D 为客厅、E 为玄关、J 为日式茶室、K 为厨房、L 为起居室、S 为兴趣小屋、Te 为露台，后文平面图上字母与此相同，不再标注。

住所承载着人生

位于神木本町的住宅

"今后想将所有时间都为自己所用。"
怀着这样的想法，住户木村久美子在家中设置了陶艺工作室。
这是一栋位于街角面积狭小的土地上，具有对称美的六边形
住宅。

在烧制好的陶板上涂上灰泥,再用颜料画出各种图案。以前都是在陶艺工作室制作,最近换到了光照充足的客厅一角。将装框的湿壁画挂在墙上,可随时欣赏。

"创作如日记。"
作品会反映创作者当时的心境

位于多摩川西面的丘陵地带面积广阔，绿植繁多，人们纷纷选择在此建房。沿着坡道往上走，便可看到不远处静静矗立着一座钢筋混凝土结构的平房。房龄 11 年，其面积远远小于预期。在马路拐角处看向住宅正面，住宅形似隧道，让人一眼只能看到两边的部分。经过多年风吹日晒，外墙在杉木板纹理的衬托下尽显斑驳之美，叫人看不出是混凝土房屋，更像是布满青苔的石阶。

创作如日记

"我上辈子可能住在欧洲，石制住宅非常符合我的口味。"身为陶艺师的住户木村久美子女士笑着说。30年前，她人生中自己建成的第一栋房子是位于东京都内的一所工住两用木制住宅，由建筑师永田昌民先生设计。虽然居住舒适，但她觉得钢筋混凝土结构的住宅更适合一个人居住，也能更好地保证窑的安全。

木村女士毕业于东京艺术大学，是工艺系第一届的学生。她从来没想过自己会成为陶艺家，仅仅因为"试着接触了一下觉得还挺有趣的"这个理由， 60 年来，她将自己的心力都倾注于陶艺，一直在思考如何更好地利用黏土、窑及釉子制陶。

木村女士的家里宛如陶艺品展厅，从玄关到走廊乃至室内各个地方都摆放着陶艺品。

"我并不是因为喜欢自己的作品才将它们摆出来，而是为了保证自己随时可以看到它们，以便考虑如何进一步精进。工作不能满足于现状，最重要的永远是以后。"木村女士说。

之前觉得不过关的作品，摆放几年之后可能会觉得其实还好，然后就会产生将其改良，再做一个新作品的想法。

左　从高处看，可清楚看出这处住宅呈六边形。
右　让人联想到色粉画的浅色系陶艺作品。

这扇窗户面积很大，朝向庭院。"我的日常就是早上起来后或者睡不着时看看这里的陶艺品，说不定某个时刻就有灵感出现。"木村女士说。

　　木村女士认为，创作如日记。在从事陶艺创作的这些年里，她经常回顾及反省自己的过去和作品。关于陶艺创作，她认为："陶艺制作有很多技巧与方法，但最重要的是'美'，是自己身上所透出的文学气质。当我们去旅行时，看到的是具体的景色及建筑，而陶艺所展示的是站在那里观看景色的自己，陶艺是展示自己的一首诗。"

　　看着木村女士的作品，让人不禁对这些陶艺品的创作背景感到好奇。这些作品展现着满满的年代故事：有用波斯传统技术制出深色陶艺品的时期，有通过换釉子改变陶艺品颜色的时期，有在陶艺品上做出立体建筑物和街景的时期，以及被湿壁画吸引，在 60 余岁的年纪毅然赴法留学的故事等。如今木村女士将陶板当作画壁，画出了一幅幅巴掌大小的湿壁画。

听完这一番讲述后，我不禁觉得这栋住宅正淋漓尽致地展现着木村女士的人生之美。

住所乃人生艺术品

"这栋房子是我的最后一处住宅，虽然有点小，但里面都是我喜欢的东西。"木村女士用洪亮的声音说道。

那么木村女士建造这栋住宅的契机又是什么呢？

外出旅行时，看到好看的手工人偶总是会买回来。

从玄关看向工作室。穿过内侧走廊便到了卧室和洗手间。

让人联想到街景的作品。

洗手间挂着学生时代的作品。

玄关呈梯形，格局像是高级画廊。阳光从玻璃门上透过，给人莫名的期待感。

女儿出嫁了，也送走了父母公婆，心头已经没有什么挂念了。在此之前，木村总是把家人放在第一位，之后才是自己。"当我告诉丈夫剩下的日子想要为自己而活后，他非常支持我。"木村女士回答道。

木村女士的丈夫也毕业于东京艺术大学，是一名创作者，目前在其他地方的大学教书。多么精彩的人生呀！这是身心独立的木村夫妇做出的选择，是他们新的开始。

木村女士拜托八岛夫妇设计房子的契机，是她偶然在书店看建筑杂志时看到了相关介绍。八岛先生跟永田昌民一样毕业于东京艺术大学，设计风格也有相似之处。"因为以后可能会和女儿一起住，所以想找年轻设计师设计。当天晚上我就给八岛事务所打了电话，并约好第二天见面。见面后看了他们设计的其他作品，觉得十分不错，当场就决定委托给八岛夫妇设计房子。"

木村女士是一个凭直觉做事的人。看地皮时，虽然交通不太便利，但她觉得环境很好。最重要的是周边都是马路，可以建造烧窑而不用担心影响邻居，所以当天就敲定了地皮。

"现在我正坐在巴黎旁边呢"

八岛夫妇提出的设计方案是平房，构造简单。一楼空间足以满足日常生活及创作需求，为了以后可在二楼增建木制房屋，八岛夫妇在计算好房屋承重及动线的基础上，使用坚固的钢筋和混凝土筑墙。用地一角是窑室及工作室，对面是庭院，为了让住户在回家时可以一眼看到庭院中的绿植，凸显庭院的深邃感，将房屋设置为斜向，这样一来庭院便呈三角形。再种植几棵树木，进一步加强进深感。将房屋设置为斜向后，一来扩大空间，二来可减轻南侧相邻房屋的视觉压迫感。

不过，这种设计方案存在一个问题——房屋会变成六边形。"客户应该不会同意的吧。"八岛先生怀揣着担心，向木村女士说明了设计方案。出乎意料的是，木村女士认为："六边形形似龟壳，寓意很好。"果然，创作者的想法还是不同于常人。

左　住宅外墙使用了杉木板，凸显纹理，以减少混凝土带来的视觉压迫感。
右　左边是入口，入口旁是窑室。

摆放在窗台上的陶艺品，木村女士偶尔会凭心情在上面装饰枝叶。

映在拉窗上的光和影
尽享时光之惬意

早晨映在窗户上的陶艺品光影，非常好看。"您设计时应该没想到会出现如此光景吧？"木村女士笑着对八岛先生说。

　　"当时，八岛先生觉得这个设计很有意思，跃跃欲试。我看到图纸后，觉得这不就是法国地图的形状吗？现在我正坐在巴黎旁边呢。"木村女士笑着说。

　　平日，八岛夫妇很少采用先设计住宅外部框架，再设计住宅内部格局的设计方法。设计这栋住宅时，他们先将卧室和厨房设置在住宅两头的方形空间，再将最中间的两个大梯形的一半定为客厅，另一半定为工作室和玄关。这些要素恰到好处地融合在一起，使屋内布局极具特色。

客厅里面有扇拉门，拉门里面是和室，可以供客人住宿。客厅里摆放的椅子由木村女士的丈夫亲手制作。

渐变式布局

　　八岛女士提议将玄关设计为画廊。梯形走道越往里空间越窄，打开门之后便可进入宽敞明亮的客厅。以玄昌石和钢筋混凝土营造出庄严厚重的"接待一角"，从此处进入轻松明快的"日常生活一角"，场景变换所带来的视觉美感让人眼前一亮。

袖珍厨房。窗户上挂着色彩鲜艳的布，以代替窗帘。

工作室。里面放着黏土、道具及资料。屋顶有一个天窗，日后增建二楼时可改造为楼梯。

　　拉窗几乎布满整个客厅，这是木村女士的要求。这一想法源自京都之乐美术馆，之前她去参观时，美术馆待客处的拉窗给她留下了深刻印象。从和室看向客厅时，通过这些拉窗便能明显体会到住宅呈斜向。连接工作室和洗手间的储藏室为隐藏动线，沿此动线可环游室内，强调室内空间的开放感。

　　工作室里摆放着各种陶艺品，屋顶有一个天窗，是为了方便以后增建二楼所留。这处钢筋混凝土结构住宅呈六边形，设计时为充分利用其形状优势并没有设计屋檐，而是保留了原样。不过，今后会如何谁也无从知晓。

　　"其实我非常想增建二楼。"木村女士用调皮的口吻说道。

　　住宅也是人生的艺术品。如窗台上总有一天会摆放新的陶艺作品一样，住宅也会随着居住者的人生的变化而发生变化。

"小一点也无妨，希望能有一个日式茶室。"这是木村女士的要求。茶室梁柱、地板及天花板都使用了松木，而墙壁和隔扇使用了与之前住处和室一样的颜色。

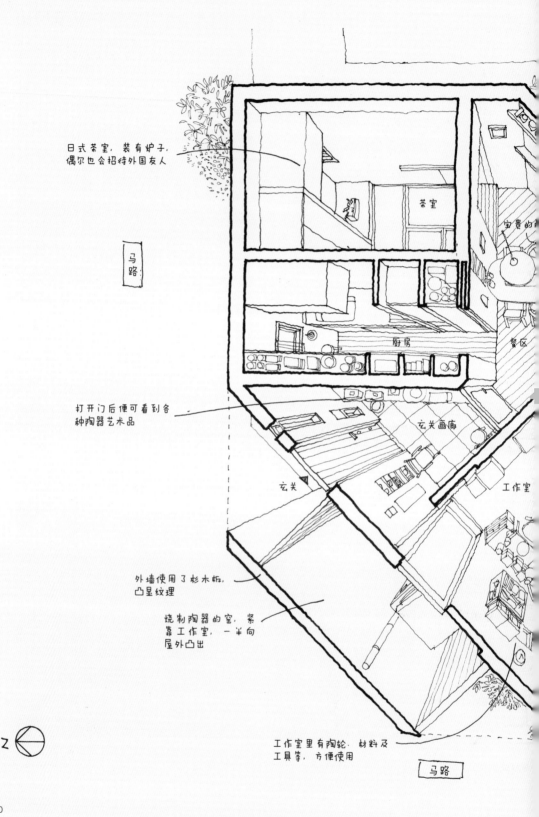

日式茶室，装有炉子，偶尔也会招待外国友人

打开门后便可看到各种陶器艺术品

外墙使用了杉木板，凸显纹理

烧制陶器的窑，紧靠工作室，一半向屋外凸出

工作室里有陶轮、材料及工具等，方便使用

马路

茶室

宝贵的

餐区

厨房

玄关画廊

玄关

工作室

马路

N

40

位于神木本町的住宅

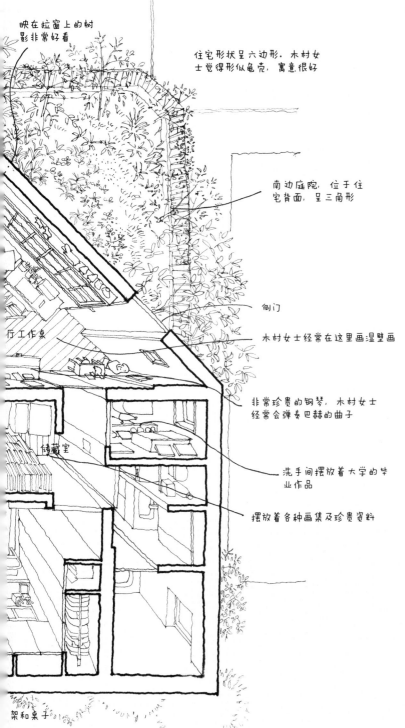

映在拉窗上的树影非常好看

住宅形状呈六边形，木村女士觉得形似龟壳，寓意很好

南边庭院，位于住宅背面，呈三角形

侧门

木村女士经常在这里画湿壁画

非常珍贵的钢琴，木村女士经常会弹奏巴赫的曲子

洗手间摆放着大学的毕业作品

摆放着各种画集及珍贵资料

厅工作桌

储藏室

架和桌子

一楼俯瞰图

放手设计

这栋住宅是一名陶艺师的家，室内有一个袖珍工作室。这块地皮位于一处小山丘的半山腰，西边和北边临道路拐角处，两面临街，日照与通风良好。

在开始设计之前，木村女士让我们先去她当时正居住的房子参观。房子是三层建筑，兼顾工作室与住宅功能，由我的校友，建筑设计师永田昌民前辈设计。房屋的房龄较长，不过，无论是房屋使用状况还是室内装饰，都能看出主人使用之得当。尽管这栋房子还能居住，但鉴于女儿已成家，木村女士自己也想要设施更完善的陶艺工作室，想要绿化环境好、容易打理的平房，于是她拜托我们设计一栋工住两用住宅。考虑到木村女士的年纪及体力，一开始将住宅设计成平房，后来得知她将来有可能会和女儿一家住在一起，于是我在考虑承重的基础上将一层设计为钢筋混凝土结构，以便后期增建二楼。

木村女士还想在院子里栽培花草。为了实现这一点，经过多番考虑后我们将房屋整体框架设计成了六边形。一边担心木村女士会不会觉得六边形太过奇怪，不便居住；一边又心存期待，说不定木村女士会乐意接受。在这种心境下，我们向木村女士说明了设计方案，她竟然非常愉快地同意了，觉得六边形形似龟壳，寓意很好，想法新颖。

从外面看，这栋住宅像是一个由钢筋混凝土建成的大石块，窗户也很少。室内是环绕式设计，玄关如画廊，通过玄关后便可进入客厅。客厅有一面很大的窗户，从窗户向外可看到院子，旁边是厨房及用拉门隔开的和室，和室既可用作客房，也可用作茶室。对面是格局紧凑的洗手间和袖珍卧室，书房则与走廊融为一体。走廊连接着工作室，工作室与玄关及窑室相通，窑室一半向外凸出。如此一来，既满足了木村女士的要求，同时环绕式设计还让房屋动线灵活起来，从而凸显出空间的开放感。三角形庭院与客厅正对，在院中种满花草树木后可进一步营造进深感。

交房一段时间后，我们再次登门拜访。木村女士搬家时带过来的家具和诸多作品已完全与房屋融为一体，仿佛已在这里住了很长一段时间。"坐在家里这个三角形的角落时，房间会显得很大，真有意思。早上窗户上会映照出摆在窗台上的陶艺品的影子，好看极了。"从木村女士的此番话语中可以感受到她非常享受独居时光。

木村女士将自己的设计要求告知我们后，便再未过问设计进展。我们想，木村女士应该也是在享受将设计交由设计师的乐趣。住宅只不过是人生的一部分，竣工后交房，主人再将生活气息带到住宅里，这不也是住宅设计的一部分吗？住宅会随着院子里花草树木的生长，以及房屋各个构件的长年变化而不断进化，希望"居住者"和"设计师"的相互转换过程今后能够继续绽放异彩。

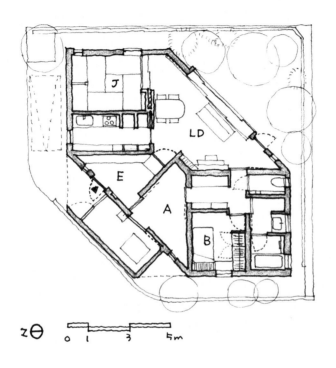

住宅平面图

建筑信息

地址：日本神奈川县川崎市

总面积：156.32 m²

使用面积：87.19 m²（一楼：87.19 m²）

竣工时间：2009 年

生活小乐趣

在从事建筑设计师这份工作的过程中，我们会遇到不同的顾客，他们各有各的兴趣爱好。

因为一栋房子从设计到竣工一般需要一至两年的时间，所以我们会与业主保持长期交流和往来。虽然最初只是顾客与设计者的关系，但是随着时间推移以及交流逐渐深入，我们和业主也会像家人一般亲密。他们的家庭状况及职业各不相同，有公司职员、个体户、医生、教师、设计师等。虽然行业不同，但或许是我们的价值观有着相似之处，我们有幸能得到他们的选择。

在经手住宅设计的过程中，有时候会在客户的助力下找到自己尚未发现的兴趣。

我们夫妻二人虽是建筑设计师，但也是资深观鸟爱好者。之所以会爱上观鸟，正是因为受了客户的影响。

"希望能够在家里观察庭院中的鸟儿。"这是我们之前一位客户的要求。在设计过程中，我们也开始对鸟类产生兴趣，最终变成了观鸟爱好者。在此之前，我和我妻子也就知道麻雀呀鸽子呀乌鸦等，但现在我们仅凭鸟叫声便可分辨我们家附近的鸟儿，比如有北红尾鸲、杂色山雀、小星头啄木鸟、暗绿绣眼鸟等。现在，冬天早晨我们会在窗边给麻雀和鹎鸟投食，春天我们会照料在院中巢箱孵蛋育鸟的山雀，这已成为我们生活的一部分。在观鸟及照料鸟的过程中，我们学到了很多新知识，这为我们的生活增添了诸多乐趣。

在日常的设计工作中，我们总是会思考如何设计才能让住户生活得更加舒心快乐。在反复交流中，我们也会从客户那里学到很多。他们会给我们介绍作家，会告诉我们制作炭炉的原材料硅藻土产自石川县能登地区，也会和我们分享他们抓到狐狸的趣闻等。得益于此，我们的生活变得丰富而有趣。

感谢每一位客户，正是因为他们，给我们的生活带来了各种小乐趣。

厅中庭院

位于武藏野的住宅

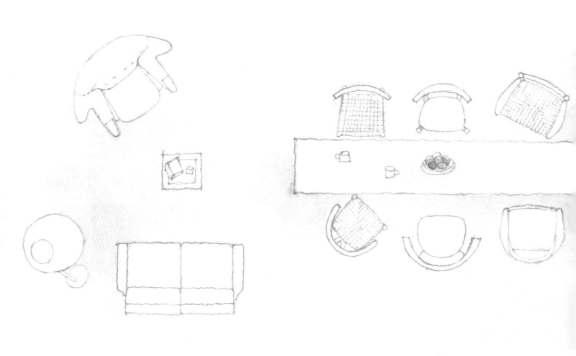

这所住宅在街道一角拥有一片专属树林，庭院与客厅连为一体，树影斑驳，空间广大，院中皆为所爱之物，生活安逸有趣。此乃倾情之作，兄长之家。

客厅天花板为柳安贴面板，暗色系，糙布垫质感，可调整光线反射量，与北欧风家具相得益彰。

长椅连接着庭院与客厅

长椅存在的意义便是提醒人们走出房间。"这把椅子类似于美术馆中的纪念品，是一个象征。"一裕先生说。

穿过玄关后，大片绿植便会映入眼帘。客厅里播放着悠扬的爵士乐，秋日的阳光拉长了枝叶的影子，地面和家具上光影斑驳。

客厅朝南，地板到天花板距离较高，室内空间十分宽敞，却莫名让人内心平静。不知是因为天花板的柳安贴面板显得很柔和，还是因为外围墙内的石板地面让庭院看上去像是中庭，我所看到及感受到的暗度恰到好处。

绿意、家具、藏身小屋

极具时代感的北欧风家具在绿植的衬托下美感凸显。客厅和卧室仿如汉斯·瓦格纳的世界，客厅里摆放着的躺椅是其代表作，每个汉斯·瓦格纳作品爱好者都为之憧憬。"建房之前我觉得一般的家具就够用了，但之后我的想法发生了翻天覆地的变化。我认为家具应该与房子的风格相匹配，所以跑了很多地方挑选家具，不知不觉中自己也沉浸在家具的世界里了。"业主八岛一裕先生笑着说。

无论在这里生活多久也看不厌这独具一格的景色。"好想在这里开一家咖啡厅啊。"一裕先生自言自语道。其实，一裕先生是设计师八岛正年先生的兄长，十几年前他搬离公司住宅，之后便开始在熟悉的武藏野地区寻找地皮，并找八岛先生商量。经过不断筛选，一裕先生最终选择了这处地皮。这里位于住宅区的东北角，北边马路对面是小学校园，面积很大。

"我只确认了地皮好坏，之后的事情就全权交给正年了，因为我很了解他的设计风格。在我看来，如果要让别人设计，就要加以信赖全权委托，中途不能随意干涉。换句话说，选择一个自己信赖、值得托付的设计师非常重要。正年也非常了解我的日常生活状态及想法，在设计前几乎没有询问我的需求。"一裕先生说。

左 房子是钢筋混凝土结构，但毫无视觉压迫感，被这一带的居民视为一个地标。
右 玄关屋檐下也设置了石椅。可以联想到落座、放置购物袋等生活场景。

阳光从中庭照入客厅。中庭和客厅的墙壁均为白色，仿佛连为一体。

一裕先生最喜欢的瓦格纳藏品是一把名叫"Papa Bear"的绿色椅子。

一裕先生也收藏了种类繁多的陶艺品，方形桌子是瓦格纳设计的作品。

最初的设计方案是南北向，建造细长形的房屋，设计新颖有趣，遗憾的是只能停放一辆车。后来，正年先生提议将客厅设置在二楼，但一裕先生认为客厅还是要设置在一楼，面朝庭院比较好。另外，一裕先生还提出希望能在庭院中加个直接通往二楼的室外楼梯。

修改方案之后，正年先生在客厅旁边增设了一间兴趣小屋。他向一裕先生解释道："因为住户是你，我觉得应该要有个房间，能让你待在里面做自己喜欢的事。""我可不记得我有提这个要求。"听完这番话后，一裕先生笑呵呵地对正年先生说："这个就算了，竟然不经过我的同意就往下挖地，增加建房成本，这也太让我惊讶了（笑）。不过我对设计出来的房子非常满意。简直就像是生活在江户川乱步的住宅里面一样，坐在窗前时感觉地面和树木近在咫尺，还能看到很多鸟儿和昆虫。"

庭院是客厅的延长线

说到没提要求，其实院子里的石椅也是如此。"我想设计一个别有风味的庭院，而不仅仅是将剩余空间当作院子。椅子是人的容身之处，是进入院子的标志，我想通过这把椅子营造出室内和庭院无限接近的氛围。"正年先生说。为了实现客厅与庭院连为一体的设想，正年先生通过巧妙设计将室内墙壁与室外墙壁连在一起，庭院就像中庭一样包围着客厅。为了凸显房子的独特性，选择了钢筋混凝土结构，再铺上大谷石，将室内和室外完美连接。

厨房色调明亮，功能齐全，客厅色调与之相反。

厨房与庭院相对，
可将庭中绿意尽收眼底

桌子是瓦格纳设计的伸缩长桌，这款椅子的型号是"PP701"，乃是瓦格纳最满意的椅子。"皮制座椅再加上桃花心木制的扶手，现在这种款式的椅子已经停产了。"一裕先生说。

实际上，一裕先生他们并不打算在院子里开家庭烧烤聚会，也不想在院子里种菜。"其实我们就想要一个能让人心情愉悦的庭院。早上站在厨房时，可以欣赏庭院里的'森林'，多美妙呀。"一裕先生的妻子说。客厅连着庭院，即便不外出也能够享受院中美景。"如果是出于这个考虑，确实院子里有个椅子比较好。"一裕先生补充道，"如果正年全按照我的要求设计，就不会有石椅和兴趣小屋了，现在想想全权交给他设计真是太好了。车棚上面的遮雨棚的设计也非常周到，下雨天停好车后，可沿着遮雨棚进屋，非常便利。他考虑得可真是周到啊。"

在搬来这里之前，周末及闲暇时间一裕先生几乎都会外出。搬到这里后，他不再特意去外面喝咖啡，而是买咖啡豆回来自己研磨，可以在家充分享受悠闲时光。一裕先生兴趣广泛，乐于钻研，比如他喜欢北欧家具、爵士乐、摄影、玻璃工艺等。天花板上的仓库里存放着以《星球大战》系列电影为首的科幻电影相关收藏，以及不计其数的光盘等。客厅旁边的兴趣小屋则收藏有令摄影爱好者垂涎三尺的相机和镜头。一裕先生在工作间隙会从海量的音乐库中挑选想听的音乐，在购物平台上确认心仪的家具及小物件的物流情况。"只要我想，一年不出门都可以。"一裕先生略带羞涩地说。

手工制品与房子共同成长

周围都是美好的、惹人喜欢的东西，晚上躺在床上可以透过天窗看见月亮，位于二楼的和室拉上屏风及拉窗后，便会无比寂静。一裕先生的儿子马上就要上高中了，他非常喜欢"入住"这间好似旅馆的和室，甚至还会邀请同学共同"入住"。在这里生活总能有新发现、收获新喜悦，比如被院中雪景所震撼的冬日早晨，比如气温回暖，青蛙结束冬眠的春天以及鸣蝉重回大地的夏日等。

左　书房的收藏柜里陈列着平日难以见到的藏品，比如美国军用镜头。
右　二楼走廊尽头是设计大师查尔斯·伊姆斯设计的DCM椅子。正年先生在走廊尽头设计了窗户，以便采光通风。

站在厨房，视线可及庭院。

室外楼梯连接二楼阳台，拉近了房子与庭院的距离。

书房相较客厅下沉一阶，给人一种封闭安静感。"可通过下沉式或者上升式设计营造出特殊空间感。"正年先生说。

为了减少外围墙给周边街道的压迫感，最大限度地控制了围墙高度。落地窗只能打开中间部分，两边是百叶推拉门。

　　房子里到处都是一裕先生的藏品。当我看到这些藏品时，不禁觉得每一件藏品背后都蕴藏着不同的故事，它们因某种缘分聚集在这里，正因一裕先生发自内心的喜欢，这些藏品才成为这里无比重要的一部分。我想，这个房子自身也与家中的藏品融为一体了吧。

　　这栋住宅是八岛正年先生为兄长所设计的，是这世上独一无二的倾情之作。一裕先生说："这所房子里有很多手工制品，真是一大幸事。手工制作的物品虽然并非完美，但重要的是其中蕴

儿童房在二楼。学习椅是丹麦设计师芬·尤尔设计的椅子，非常珍贵。

含着无限未来。今后，随着时间的流逝，这个家一定也会成长的。"

　　一裕先生一家在武藏野扎根，与武藏野及周边的人们建立联系，过着精彩的生活。他们在这里获得了满足感、安心感及内心的充实。"我们能得到这些，多亏了我弟弟设计的这栋房子。"一裕先生用正年先生听不到的声音小声感谢道。

阳光从树叶缝隙斑驳
洒落，触手可及

庭院里的白蜡树、大花四照花、野茉莉的枝叶影子交织在一起，将大谷石与客厅地面连为一体。

"以前的家只能通过厨房的一个小窗看客厅，希望能将新房子的厨房设计成开放式，开阔视野。"一裕先生的妻子说。

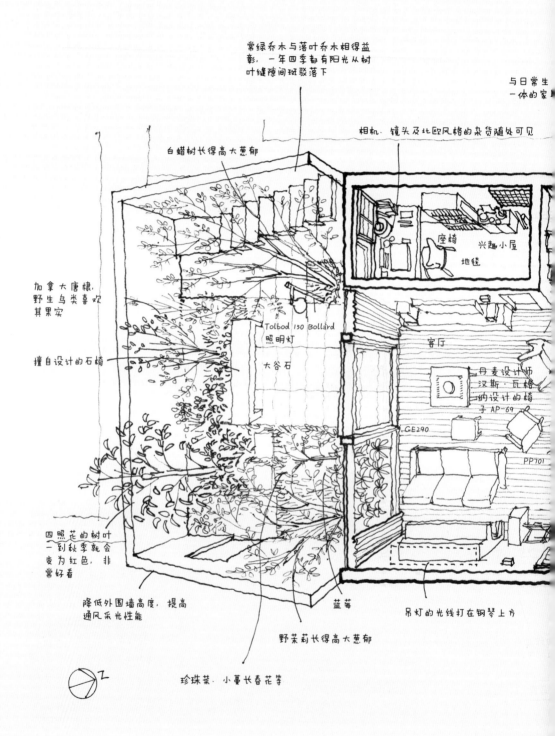

常绿乔木与落叶乔木相得益彰，一年四季都有阳光从树叶缝隙间斑驳落下

与日常生一体的家

相机、镜头及北欧风格的杂货随处可见

白蜡树长得高大葱郁

加拿大唐棣，野生鸟类喜欢其果实

撞自设计的石椅

Tolbod 130 Bollard 照明灯

大谷石

座椅

兴趣小屋

地毯

客厅

丹麦设计师汉斯·瓦格纳设计的椅子 AP-69

GE290

PP701

四照花的树叶一到秋季就会变为红色，非常好看

降低外围墙高度，提高通风采光性能

蓝莓

吊灯的光线打在钢琴上方

野茉莉长得高大葱郁

珍珠菜、小蔓长春花等

N

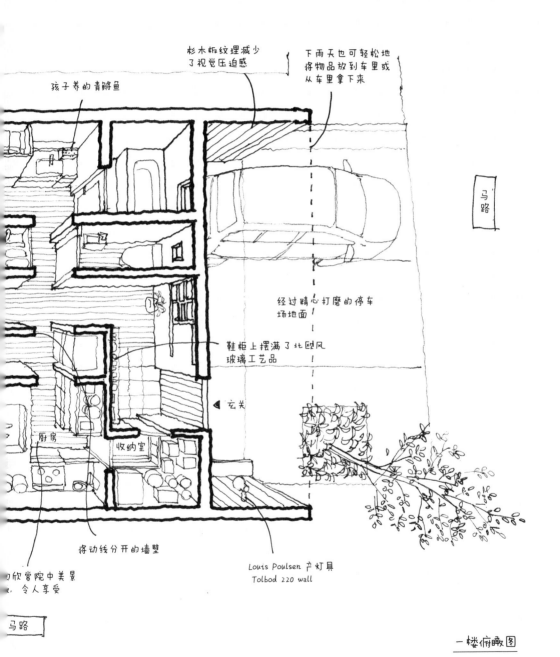

杉木柜纹理减少
了视觉压迫感

孩子养的青鳉鱼

下雨天也可轻松地
将物品放到车里或
从车里拿下来

马路

经过精心打磨的停车
场地面

鞋柜上摆满了北欧风
玻璃工艺品

◀玄关

厨房

收纳室

将动线分开的墙壁

Louis Poulsen 产灯具
Tolbod 220 wall

可欣赏院中美景
令人享受

马路

一楼俯瞰图

庭院与生活

此处地皮所在街区残留着武藏野氛围，舒适惬意。不过，近几年很多人家都对房屋进行了重建，街区里也出现了现代建筑气息。

此栋住宅的住户是三口之家，东北侧临马路，马路北侧有一所小学，考虑到平日里会有很多孩子来来往往，而且周边邻居有很大可能会重建房子，如何维护好庭院的植被环境就成了设计时最重要的问题。客户希望停车场面积够大，能够停放两台车，同时还要确保一定的庭院面积。鉴于地皮南北较长，于是我将停车场兼作玄关门廊设置在北面，房子则设置在中间，庭院设置在南面，整体布局非常简单。为了设置停车场，将房子建设得距离马路较远，为东北侧留出一大块空地。同时，房子外形柔和，减轻了钢筋混凝土结构的僵硬感，玄关旁边栽种绿植，使房子巧妙地与周边街区融为一体。

与室外钢筋混凝土结构不同，室内多是石灰墙、白蜡树板、暗色硬木板及米松板等木质材料，氛围柔和。客厅天花板是柳安贴面板，地板是白蜡树板，这两种木板都会反射光，再加上平日会有阳光射入，客厅氛围偏暖色系。一楼有 LDK［日本住宅中客厅（Living Room）、餐厅（Dinning Room）和厨房（Kitchen）一体化的空间］、洗手间及兴趣室兼书房，LDK 和洗手间正对着南边庭院，二楼是主卧、儿童卧室及和室。客厅兼餐厅与庭院近似一体，庭院外围墙较低，过路行人可看到院中绿植，这样的做法意在减少对周边街区的压迫感。

庭院与客厅连为一体，让客厅看起来比实际更大。正对着庭院的南侧落地窗仅中间区域可开合，两边是封闭式玻璃窗，这种设计弱化了窗框的存在，使室内墙壁与庭院墙壁近似一体。若想要强调庭院的进深感，视线所及之处的设计至关重要。设计庭院时我曾在脑海中畅想院中有住户坐在长椅上或者爬楼梯的身影，未曾料想最后成形的庭院竟如我所愿，着实让我吃惊。除了客厅兼餐厅，从书房以及二楼的儿童房也能看到庭院，各个房间所看到的庭院风景各不相同，这都是构成房屋整体的重要元素。

庭院也是房子的一部分，每天都可从室内欣赏庭院风光，并关注树木生长，发现不同季节进入室内的不一样的阳光。这些对外界变化的意识积累也会为我们的生活增色添彩。

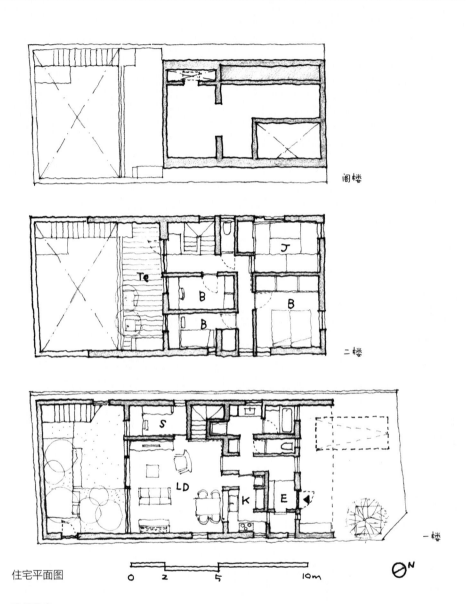

住宅平面图

建筑信息

地址：日本东京都武藏野市

总面积：164.61 m²

使用面积：131.58 m²（一楼：68.4 m²，二楼：63.18 m²）

竣工时间：2011 年

恰到好处的别致

位于深泽的住宅

房子并不是越大越好。

只要最大化提高材料及家具质量，住小房子也可舒心生活。此住宅地皮呈旗杆状，长 5 m，宽 6 m，精致小巧又不乏独特性。

"舒适"遍布全屋，随地可坐，这就是我们的家

胡桃木桌子。家人在这里吃饭、玩耍及放松。

这栋住宅位于私营地铁沿线地带，周边住宅林立。临街马路上车辆来来往往，沿住宅区街道往里走便可隐约看到一栋外观精致可爱的白色房子。临街的一面只有 2 m 多长，门口停着汽车，汽车后面停放着自行车。再往前是花坛，花坛前面是玄关。这块地皮呈旗杆状，长 5 m，宽 6 m，造型独特。我不禁对这房子独特的设计心生感慨，抬头想要仔细端详时，发现三兄妹正趴在窗户上向下张望。

恰到好处的别致

"我们在寻找地皮时，家中还只有两个儿子。"女主人望月女士笑着说。男主人勤先生是家具工匠，就职于附近一家作坊，女主人望月女士则是一名编辑，当时他们想要找离两人工作地点较近的地皮，最后选中了这里。这块地皮虽然面积小，形状呈旗杆状，但望月夫妇看完后非常爽快地买下了，因为他们相信八岛先生可以设计出与之风格相符的住宅。

望月夫妇并非追求别致，而是希望八岛先生能够设计出温馨、舒适的住宅。一直以来，他们都很喜欢毕业于东京艺术大学的建筑设计师们所设计的住宅，认为他们的设计自然且舒适。事实上，勤先生的父亲正毕业于东京艺术大学，他是一名工艺家，与八岛先生的老师益子义弘先生等诸多建筑设计师认识。得益于此，勤先生为很多住宅制作了精致家具。望月女士在一家出版社工作。该出版社与自由学园有渊源，望月女士在工作中不仅接触过自由学园明日馆的设计师弗兰克·劳埃德·赖特、安托宁·雷蒙德及吉村顺三等建筑设计大家的设计理念，也曾负责过介绍益子义弘先生的妻子昭子女士日常生活的连载文章。

左 南北走向的土间，便于脱鞋放鞋，人多也放得下。（土间：在日本建筑中，属于家屋内部组成部分的一种室内设计，指没有铺地板的土地房间）
右 玄关处的小窗上放着现代雕塑，打开小拉窗后便会有光透进来。

房屋外观图局部。房屋外形以斜线为主，计划栽种的花草绿植尚未栽种，但这家人无意间种的桉树已高大葱郁。

有这么多关联及缘分，望月夫妇又是为何会将房子交给八岛先生设计呢？最主要的原因是他们在朋友新家亲身感受到了八岛先生所设计房屋的魅力。"迄今为止，我们也看过无数房子，但八岛先生为我朋友设计的房子我觉得体验感最好。"望月女士说。当问到具体好在哪里时，望月女士笑着回答道："恰到好处的别致是最吸引我的地方。"八岛先生所设计的房子既不是为了刻意凸显某一方面，也不是追求个性，而是必要的功能齐全，令人舒适的房子。该加大成本的地方与应控制花费的地方清晰明了，柔和的木材与白色墙壁的搭配恰到好处，这些所有的地方都让人觉得别致而又恰到好处，并且能给人带来一种新鲜感。"这种新鲜感其实是非常重要的，而能做到这一步的建筑设计师少之又少。"听完这席话后，我不禁感慨：不愧是常年接触设计的人，句句在理。

旗杆状地形也有其魅力之处

这处住宅的地皮原本是某商场的停车场，土地所有方将该区域划分成八小块向外出售，望月夫妇购买的地皮最靠里。在亲眼看到这块地皮后，八岛先生是怎么想的呢？

八岛先生最初的想法，是要确保视野开阔。因为地皮前方必然会建起其他建筑，所以窗户的朝向及位置自然而然就定了下来。然后他将二楼设计成主生活区，将工作室放在一楼，并设计了朝向北边房间的通道，以确保勤先生在工作室的视野。

儿童房，像是秘密基地。
通向阁楼的梯子和书架是
勤先生亲手做的。

勤先生亲手制作的"踏脚板"。为提高往返于儿童房、卧室等的便利性而设置。

窗户位于楼梯正面,阳光可穿过窗户直达玄关。楼梯宽度稍大于冰箱宽度。

儿童房的阁楼下方空间分为三部分,供三个孩子使用。左手边是主卧。

书房一角,三兄妹共用。

摆满定制家具的精致
小巧的家，与居住者
气质相符

柳安天花板适合搭配任意颜色的细条地板。按照吉村顺三的设计方法，拉窗窗框设置成 18 mm 宽。窗框无须营造精细之美。

"旗杆状地皮可以有很多种设计方案，比如可以在其狭长部设计门廊，这样一来停车场的空间也有了。也可以种植树木。因为要在划分区域上建一栋新房子，所以我就想留出一点地方栽种树木，增强与周围的亲近感。"八岛先生说，"看不见房子也没事，只要能通过树叶缝隙看到窗户里透出的亮光即可。在面前种一棵树，隔 4 m 再种一棵，便会绿意葱郁，仿佛置身于森林之中。这样一来，站在厨房里看向外面两侧时，便不会看到邻居家。坐在沙发上看外面时，也不会看到马路对面的广告牌。"

房子建成后，周边环境也会不断变化。八岛先生告诉我："设计时最重要的是不寄希望于周边环境，而是充分利用该地皮的特点。我上学时，益子老师曾说过，如果附近有猫，一定要好好观察猫的活动轨迹。因为猫是寻找舒适区域的天才。"

一楼是卧室和男主人的工作室，二楼是生活区及卫生间。上下两层总面积约 60 m²，设计紧凑，仿佛是一居室。玄关与工作间之间是土间，主要是为了明确区分工作区与生活区，好让勤先生适时切换生活模式。上楼时，视线便会沿着倾斜的屋顶行至二楼阁楼屋顶，营造出一种视觉上的开阔感。

房子并不是越大越好

望月夫妇并没有就房子设计提出诸多要求。对此，望月女士说："虽然也有人在意收纳柜的数量及大小尺寸等，但我更在意生活的舒适感。"勤先生说："过于追求精确，会使房屋丧失生活气息，人也无法很好地适应房屋。"说到适应，勤先生亲手制作的餐桌及工作室的作业台就是一个很好的例子。虽然看起来很大，设计理念也完全不同，但桌脚部位是一样的，并且搬家时可以轻松通过房门。将餐桌搬到新家后，勤先生根据新家的风格重新更换了桌板，他认为只要在房间中央有一张供家人围坐在一起的胡桃桌子，便可营造出一家团圆之乐。

工作室楼梯下方有桌子、收纳柜及装饰架。

上　工作室面积虽小，但其北面有一个走道，减少了视觉压迫感。
下　小型作品在这里制作，家具等大型作品在大矶町的工作室制作。

"厨房吧台材质选黑樱桃木真是太好了。"望月女士说。在关键地方选用好材料，可大幅提升生活质量。

圆柱是该住宅的"顶梁柱"，其前面是厨房用水区，圆柱很好地区分了餐桌区与厨房区域。

厨房只在吧台部位使用木材，其他地方为白色，明亮又宽敞。

在八岛先生的建议下，在房屋一角放了沙发。拉窗呈现白色，其颜色无限接近旁边墙壁的颜色。

楼梯旁的收纳柜。这里放着常使用的碗筷等，拿取非常方便，孩子们也能轻松帮忙。

"房子并不是越大越好。无论是大房子还是小房子，大家的主要活动区域是相同的。只要在关键位置使用高品质材料，便能提升空间质感。在必要位置摆放定制家具的话，便可舒适地生活。"八岛先生说。阁楼的天花板本来打算刷成白色，但八岛先生经过实地考察，看到阳光照入屋内的情景之后，决定改为贴柳安木板。厨房属于每天都要使用的区域，所以厨房吧台的装饰材质就使用了较为昂贵的黑樱桃木，厚度为 30 mm。收纳柜和抽屉也必须使用开关时噪声小的材质，八岛先生认为开关时发出很大的声音，会拉低整个房间的质感。虽然因预算问题，也有部分材料和家具选择了低价位，但这在望月夫妇可接受范围之内。八岛先生经常会挑出三四个选项，并标明优先顺序，在充分考虑整体美感及质感的基础上做出选择。

舒适感无处不在

"八岛先生设计时考虑得非常周到，大到整体氛围，小到各个角落。房屋功能齐全，同时还兼顾视觉美、舒适感及光影效果，整个家的氛围惬意到随处可坐。"望月夫妇赞不绝口。此外，那天也正好是望月一家搬到这里的一周年纪念日。望月女士一边准备午饭，一边微笑着说道："虽然我们工作比较忙，没能好好享受在家的时光，但偶尔也会有一整天在家的时间。这时我就会站在这里环视屋内，发自内心地觉得房子设计得特别好。"

房顶微斜的一居室里飘荡着饭菜的香味，刚刚用来打乒乓球的桌子已被两个儿子收拾干净，一家人开始摆放碗筷，准备吃午饭。小小的家中洋溢着幸福的味道。

左 孩子们从阁楼上往下环视屋内。转换视角是保持新鲜感的重要方法之一。
右 "客厅上面的阁楼空间很大，以后甚至可以当作卧室。"勤先生说。

为了与拉窗框作以区分，通往阁楼的梯子设计为白色钢制。这扇窗户主要用来通风透光，外面是当时还未建成的租赁住宅。

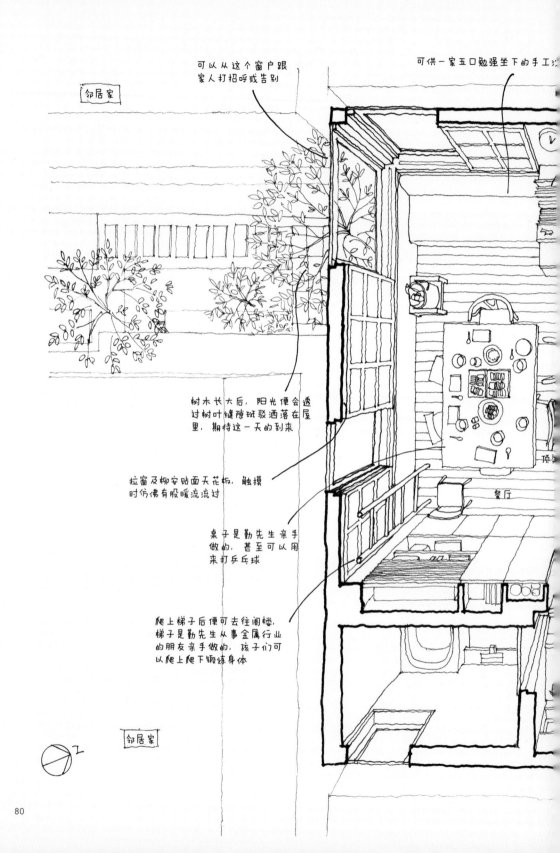

可以从这个窗户跟家人打招呼或告别

可供一家五口勉强坐下的手工沙发

邻居家

树木长大后，阳光便会透过树叶缝隙斑驳洒落在屋里，期待这一天的到来

拉窗及柳安贴面天花板，触摸时仿佛有股暖流流过

桌子是勤先生亲手做的，甚至可以用来打乒乓球

爬上梯子后便可去往阁楼，梯子是勤先生从事金属行业的朋友亲手做的，孩子们可以爬上爬下锻炼身体

餐厅

邻居家

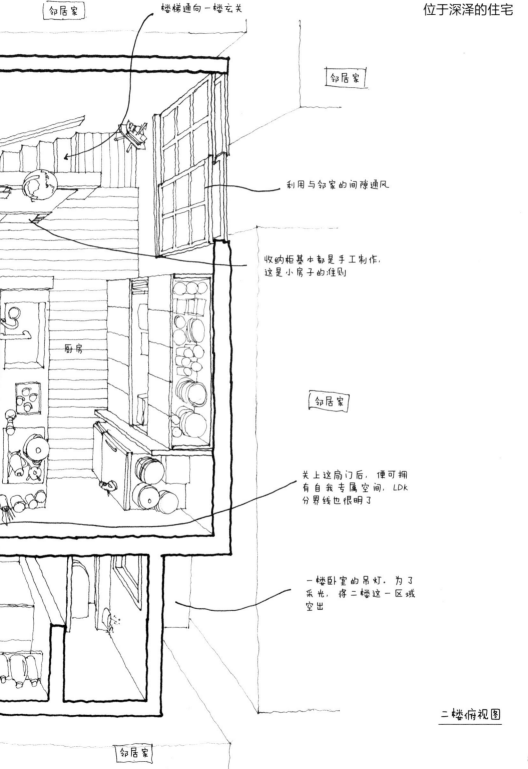

邻居家

楼梯通向一楼玄关

邻居家

利用与邻家的间隙通风

厨房

收纳柜基本都是手工制作，这是小房子的准则

邻居家

关上这扇门后，便可拥有自我专属空间，LDK分界线也很明了

一楼卧室的吊灯，为了采光，将二楼这一区域空出

二楼俯视图

邻居家

像做家具一般建房子

我们经常会看到城市里会有一些小型密集住宅区，这些住宅一般在诸多小块地皮上建成，而小块地皮是将面积较大的地皮进行分割而形成的。在进行土地分割时，经常会出现细长形的旗杆状地皮，其周边往往会建起新的建筑物。此住宅就属于这种情况。在设计阶段我就预想到周边会建起多栋住宅，所以我唯一能做的就是利用地皮的狭长部分，将门廊设置在此，并将剩余部分作为庭院种上绿植。这样一来便可提升大门至玄关这段路程中的视觉美感，同时在狭长部的对面设计一扇窗，使视野更加开阔。此外，该地皮的南侧临街，光照充足。狭长部分延长线的部分刚好是里面建筑之间的空隙，可保证良好的通风。我通过实地调查，充分掌握了上述情况后才着手设计。

地皮面积约 73 m²，呈旗杆状，最大可以容纳长 5 m、宽 6 m 的房子。同时，所建房子要能满足五口之家（当时小女儿尚未出生，只是四口人）生活，还要在家中设计一个工作室，以便勤先生工作。

望月夫妇希望将 LDK 和浴室放在光照充足的二楼。于是，我先定好冰箱、洗衣机、一体化浴室等固定尺寸的物件，以及从上一个家中搬来的餐桌的位置后，再开始考虑其他布局。同时，我也基于房屋整体构造反复研究顶梁柱放在何处才能最大化地减少对动线的影响，并最大化地凸显空间感。当地皮面积有限时，在家中摆放定制家具是最佳选择，但也需认真考虑每个房间的具体尺寸，这一点非常重要。当我和身为家具工匠的勤先生讨论这一点时，他的回答是"尺寸差不多就行了"，这给予我很大的信心。对于勤先生来讲，后续增加收纳柜可谓小菜一碟。事实上，他为新家设计了很多实用性强、与房屋风格相符的家具。

应客户要求，我将两个卧室和工作室设置在一楼，尺寸都基于使用者的需求进行设计，还在一楼玄关与工作室之间留出了面积尚可的土间。在工作室设置一扇窗，窗子正对与邻居家之间的走道，以便通风。房子面积虽小，但设计了一扇大窗，光线好，视野可至马路。在窗户旁放了一张手工制作的沙发，还在旁边墙壁上设计了装饰架，增加了室内美感。

当客户选择定制化设计服务时，房子便会增加诸多可能性。材料自不必说，还能以毫米为单位调整空间大小及家具尺寸。正因没有统一标准，设计时反而更加自由。虽然很多设计师更重视惯用尺寸或尽可能节省成本，但也有基于其他理念的设计方案。比如，从功能上来看根本不需要这么厚的材料，但厚一点会给人带来安心感，用厚点的材料也无妨；

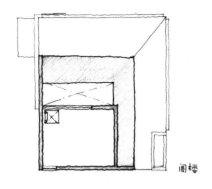

阁楼

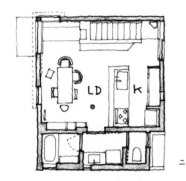

二楼

在很多地方用了相同的材料，若不能展现其奢华之感，就会让人感觉死板。只要能充分利用每个区域的空间，便可营造出紧凑精致的室内氛围。这种时候我主要靠感觉，这种感觉很难用语言说明，它仿佛是挑选家具时的手感，又或者像是称手家具的重量等。我想，应该也有很多人在设计房子时，会像确认家具的手感一样去触摸房子的各个区域，以拿捏尺寸。

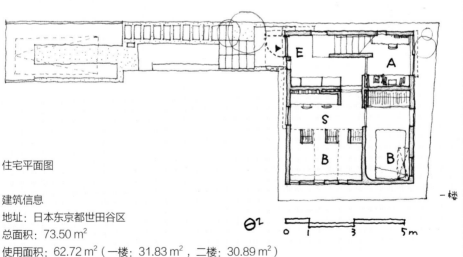

住宅平面图

建筑信息
地址：日本东京都世田谷区
总面积：73.50 m²
使用面积：62.72 m²（一楼：31.83 m²，二楼：30.89 m²）
竣工时间：2017 年

使用明火的愉悦

"厨房是使用煤气灶还是电磁炉？"设计初期，我总是会问客户这个问题。

煤气灶与电磁炉的特点不同，不能片面地说哪一种更好。我喜欢原始的生活方式，所以更喜欢用明火做出来的饭。

我家的厨师长是我的妻子，她以炒锅及平底锅为舞台，与多种食材及明火一决高下。光是看着她做饭时的样子，我就觉得非常开心，再加上还能闻到饭菜香味，听到各种声音，这段饭前时光对我来说是非常幸福的。

饭菜的味道直接取决于做饭的经验和手艺，厨房一般没有我的用武之地，但像家人及亲戚朋友聚在一起的特殊日子里，我会负责操作烤炉及炭炉，享受其中的乐趣。不知是不是也有明火和油烟的缘故，只是将炭点燃便可得到大家的赞美，我自己也很乐在其中。我真的非常喜欢明火，凡是用明火做的菜，只要放点盐就很好吃。我甚至觉得制作过程也香气四溢，这或许是因为吸入煤烟味后大脑思考变迟缓的缘故吧。

火是万能助手。除了做菜，火也能让我们更好地体验生活的乐趣。火焰燃烧时会随风摇曳，光是看到这一光景就觉得甚是满足。

别看我这样，其实我非常喜欢收集各种烛台。

　　在一个小屋里，躺在暖炉旁的摇椅上昏昏欲睡……在这样的小屋里若有烛台，氛围将截然不同。在平日里的餐桌上摆上烛台，也会营造出一种特殊氛围，和客人也会聊得非常开心。晚餐时的灯光、酒会上的灯光、庆祝时的灯光……即便是蜡烛的微光，只要身边有火光，我就非常开心。

　　以前，我在斯德哥尔摩的一家酒店住宿，酒店大厅里有一个暖炉。微暗的环境中火焰在噼里啪啦地燃烧，给人丝丝暖意。边这么想着，边靠近暖炉想要一探究竟，走近后发现那竟是循环播放的视频……

心之归处

位于辻堂的住宅

在一块地皮上建两栋房子，两代人各住一栋，这是二世同堂的另一选择。

父母住平房，孩子一家住主屋，面积虽小，但舒适度高。

两栋房子共享中庭，牵挂与距离兼得。

这是二世同堂的新模式。

中庭有一个很大的窗户。透过院中绿植，隐约可看到对面居住的儿子一家。"那边没有木连廊，孙子们经常来这边玩耍。"川澄先生的父亲说。

此栋住宅前面的马路南侧，有一家临近国道的餐馆。"那里之前是我祖父母的家。"川澄先生说，"好像是明治时期建造的房屋了，外围曾种满了竹子，像是历史悠久的民家。"从路上残留的一些古迹来看，这里曾是从东海道的藤泽站进入大山道的分叉口，繁荣一时，江户时代有很多旅人经过这里前往丹泽大山。川澄家的祖宅地处交通要塞，多年以来早已成了小镇景色的一部分，但其祖母去世后，川澄先生的父母觉得打理起来过于费事，最终决定将房子拆了。之后，在这块地皮上建起了餐馆。

与此同时，川澄先生的父母也考虑重建自家居住的房子。那座房子与祖宅所在地仅隔一条马路，是一栋建于 25 年前的两层建筑。当时川澄先生年纪尚小，时至今日，确实有必要对老房子进行翻新或重建。

父母和孩子分开住

"只有我们夫妇俩住的话，空间太大了，我们想要不用爬楼梯的平房。"川澄先生的母亲说。这块地皮很大，在庭院的一侧新建一栋夫妇二人住的平房，原先住的房子就先空着，等在东京生活的儿子一家回来时，再让他们按照自己的想法重建。这便是这处住宅建成的契机。应客户要求，八岛建筑设计事务所首先在 2009 年建成了第一栋房子，即"位于辻堂的住宅"；2016年又在院子的另一侧建成了第二栋房子，即"位于辻堂的住宅（续）"（本书第 100 页）。

"再一个就是，餐馆建成后人流量很多，我们想要遮挡住外部的视线。"川澄先生的父亲说道。他不仅仅是希望遮挡外部视线，保护自己的隐私，也希望建成平房以后能够保护庭院及对面儿子一家 [位于辻堂的住宅（续）] 的隐私。

南边的窗户面积很小，主要是为了遮挡外部视线。

"窗户外边种满了绿植，绿意满满。"川澄先生的父亲说。坐在客厅里向窗外眺望时，总能看到满眼绿色。

川澄先生一家及其父母从未想过要"二世同堂"。对此，川澄先生说："结婚后，我们就和父母分开住了，这样对彼此都好。后来，爸妈向我们提议以后可以住在一起，在他们房子对面另建一栋房子，中间用庭院隔开。我们听了之后觉得距离与团圆皆可得，就答应了。"以此为契机，这处住宅的设计完美开局。

"交给谁来设计""设计成什么样"等，这些事情都是由川澄夫妇负责。川澄先生从小就对建筑颇有兴趣，他在网站及杂志上看到八岛先生设计的房子后，觉得简洁又不乏别致。他说："我也没有建筑相关知识，仅靠感觉决定让八岛先生设计。不过，我个人觉得感觉非常准。"

后来，川澄夫妇与父母一同前来与八岛先生会面商讨。川澄先生还带了自己在巴西拍摄的坂本龙一唱片护封及镰仓星巴克咖啡店的照片。川澄先生父母所居住的平房"单坡顶、临庭院"的设计灵感就来自这两张照片。关于生活空间的设计，川澄先生的父母则要求卫生间要设置在卧室旁边，并且平时家里来客很多，需要设计一个待客室等。

开放与隐秘并存

八岛先生在设计时，既保留了庭院也最大化地保证了简洁。此外，考虑到对面房子建成后的视线，以及两栋房子的视野，八岛先生将屋顶设计成朝向中庭倾斜的样式。

"我在设计时留心将房屋高度降低，这样可以减轻对中庭及周边的压迫感。设计要简洁，不是设计越多空间越好。客户的旧宅能从路上看到宽广的庭院，我想保留这个印象。毕竟他们长年居住在此，想让他们的新房大方、精致。"八岛先生说。他并没有最大限度地开发地皮，反而还在庭院南侧留出了一块公共空地，也正是出于如此考虑。

前庭位于南侧，高于走道，大片绿植充分发挥着缓冲地带的作用。房屋宽度大于深度，内部设计极其简洁，客厅与餐厅在中间，旁边则是办公区，到达玄关后不用脱鞋便可进入室内。和室连接办公区与生活区，可直接穿过和室为客人倒茶水，卧室和卫生间均在厨房背面。

位于南侧的窗户位置高，面积小，主要是为了阻挡来往于餐馆的客人们的视线。对于这个窗户的设计，川澄先生的父亲表示："设计得非常好。窗户外边种了很多绿植，抬头向窗外看时映入眼帘的是大片绿色及蓝天，让人心情非常舒畅。"

考虑到有海风吹拂，空气中盐分含量较高，外围壁就选用了镀铝锌合金钢板。镀铝锌合金钢板细致地平铺在外墙上，以减弱钢板所营造出的僵硬感。

设计时控制了房屋的高度，并将面向中庭的屋顶设计为倾斜式，以确保两栋房子的空间开阔感。中庭外侧的木连廊宽度约2m，用途广泛，可作为室外客厅。

不经意间的对视
这样的距离恰到好处

厨房左右都有进出口，非常方便。窗户位置较高，餐桌被灰泥墙壁包围，给人一种安心感。

　　另外，川澄先生一家人还非常喜欢贴在屋顶及外围墙上的镀铝锌合金钢板。八岛先生的团队倾向于使用暖色系材料，但他们一般会先确认客户对于房屋打理的态度，然后再决定具体材料。打理木制住宅非常费事，再加上此处住宅位于湘南海边，较为潮湿，这会加快木制房屋的老化。川澄先生的父母不想在房屋打理上花太多心思，在八岛先生向他们推荐的几种材料中，川澄先生的父亲选择了镀铝锌合金钢板。

上、下　玄关和走廊的壁龛上摆放着各种小饰品，装点室内。家中到处都挂着画。

"镀铝锌合金钢板，我真是选对了！过十年也不会褪色，也不用更换。"川澄先生的父亲赞不绝口地说。对此，川澄先生的母亲笑着说："一到夏天，外墙就会很烫，但其实隔热性能很好，室内非常凉快。孩子他爸总感叹雨水'滴答滴答'落在窗户上的声音很好听。可在修建之前的家时，他明明要求将屋顶修成瓦片屋顶，因为雨水落在上面不会发出声响。"

安静闲暇时光，灯光点缀室内，通过中庭也可感受到对面一家齐聚的美好。

三代人牵挂之庭

　　南边的窗户总是树影斑驳，夏天映在薄木纱门上，冬天映在拉窗上，非常好看。天花板是柳安贴面板，随屋顶之势向北倾斜，人的视线也会随之移动，最后落到院中绿植上。中庭对面

中庭里有新栽种的绿植，也有从旧庭院中移植过来的吊钟花及苏铁等，可见主人之念旧。

住着孩子一家，透过中庭能隐约感受到对面的生活气息。木连廊面积很大，孙子们总在这里玩耍。

　　"一旦我们训斥孩子，孩子们就立马往爷爷奶奶家里跑。不过，我小时候也经常这样。"川澄先生笑着说。对于川澄夫妇及其孩子来讲，家里的老人住在对面既安心又方便。

家之氛围

这栋住宅位于海边，临国道，国道周边时不时还能看到松树。川澄先生的父亲将长年居住的老房子让给儿孙，自己在之前庭院的位置上新建了一座平房。

设计过程中，我们比较在意房子与周边街区的协调性。如果是在高楼林立的市区还好说，但在氛围协调的住宅区新建一栋房子则需要考虑如何使房子氛围恰如其分地融入街区，这一点至关重要。也有人会说，在自己的地皮上建什么样的房子是自己的自由。话虽如此，但在我们看来，建筑会直接影响到街景，还会反映居住者的品位，因此我们很看重这一点。再加上，此次设计属于翻新重建，所以我们更加重视房子与周围街区的协调性。

需要考虑如何保留旧建筑在周边街区的印象，保留其精致大方的氛围。所幸地皮面积足够大，我们控制了外墙高度，以南侧前庭为中心空出地皮用于栽种绿植，为街道提供绿意。

房子为东西走向，呈长方形，室内布局极其简单，中间是 LDK，东侧是待客用的和室和工作室，西侧是卧室和卫生间。北侧面向中庭，有一个面积很大的落地窗，可以完全开启，连接着公共中庭。落地窗很大，宽约 5 m，有拉门，给人一种安心感。一到晚上，通过拉门便可看到孩子一家的身影，对面也能看到这一侧。南侧窗户临国道，位置较高，呈长方形，长度远大于宽度。之所以设计成这样，是因为外边正好是餐馆的停车场，人来人往，川澄先生的父亲不希望被行人看到室内。另外，这个窗户的高度恰到好处地控制着进入室内的阳光，夏天窗户外树木葱郁，可以适度遮挡部分阳光，冬天树叶凋零，温暖的阳光会照入室内。行人从外面马路往室内看时，虽无法看到室内状况，但会看到倾斜天花板上的灯光，继而被这一温暖光景所吸引。再加上临街区域无墙壁，一条走道连接着马路与院内，甚至会有行人问"这里是一家店吗？"

虽然室内生活气息并不浓厚，但可感受到家之温暖，给人一种安心感。只要将窗户的位置放在适当高度，无须将外围墙修建得很高，也可保证住户的隐私。新房的景致虽不同于之前，但很好地与周边街区融合在了一起。

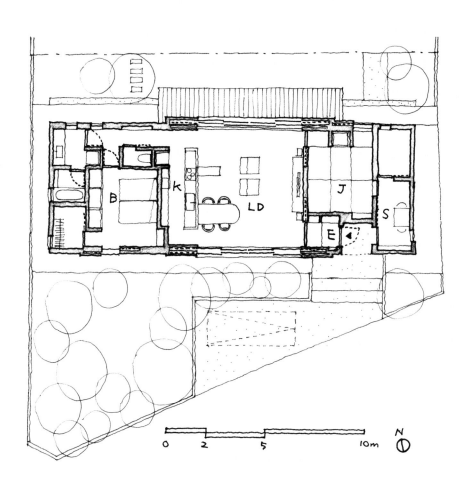

住宅平面图

建筑信息
地址：日本神奈川县藤泽市
总面积：330.66 m²
使用面积：115.23 m²（一楼：115.23 m²）
竣工时间：2009 年
施工单位：The House 工务店

连接三代人的家

位于辻堂的住宅（续）

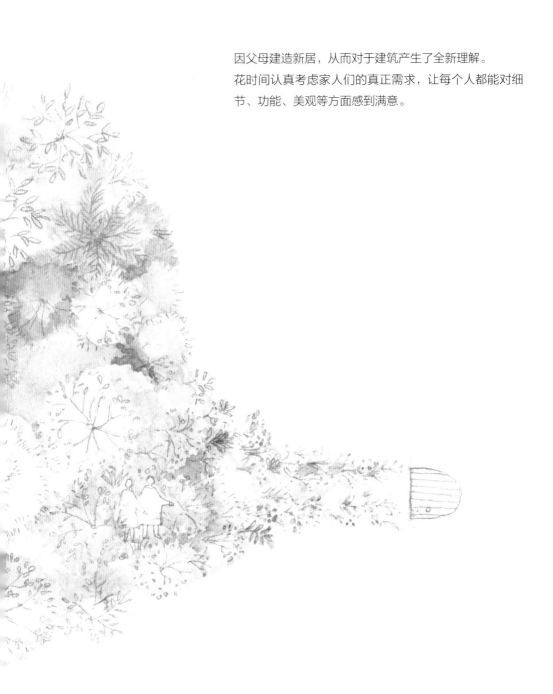

因父母建造新居，从而对于建筑产生了全新理解。

花时间认真考虑家人们的真正需求，让每个人都能对细节、功能、美观等方面感到满意。

通过大窗户感受到绿意
及对面家人的气息

南边的窗户并不是落地窗，而是腰窗，营造出一种包围感。透过院中绿植间隙可以看到对面父母的房子。

川澄先生的父母首先在老家的地皮上修建了老两口居住的小平房，几年后川澄夫妇又在对面新建了自己居住的房子。川澄夫妇为父母张罗修房一事时，川澄太太正怀着大儿子，现在大儿子已上小学，二儿子也出生了，是考虑建新家的绝佳时机。

川澄先生的父母建房时全凭感觉选择设计师。后来，川澄夫妇通过八岛先生接触到著名建筑师吉村顺三的设计理念，并开始理解深思熟虑后设计出的空间美，然后他们将自己的想法告知八岛先生，在交流中重新理解了八岛先生所设计房屋的魅力所在。

"我在父母家深刻感受到了这一点。现在现代和风建筑在逐渐增加，但其实有点似是而非。设计师是否有考虑到拉窗窗框的比率、是否要将拉窗箱设计为全嵌入式、是否要根据空间位置改变天花板的高度等，这些细节至关重要。而八岛先生都考虑到了，并且每一处设计都有理有据。像这样的设计细节，我们一开始是完全不懂的。"川澄先生说道。

居家时光

川澄夫妇在将房子设计交给八岛先生前，也考虑过将房子交给建筑公司设计。川澄先生的大女儿身体不便，当时他们觉得建造带有电梯的房子会比较方便。

他们拜访了房屋销售中心，并咨询了三家公司，这三家公司都免费设计了图纸。对此，川澄太太笑着表示："当时，我真的非常惊讶。这些公司的速度未免也太快，效率太高了。"

"三家公司给出的设计相似度很高：一楼是客厅，二楼是儿童房。他们的关注点都是想要什么样的客厅，想要多大这些问题，也难怪设计得这么快。"虽然川澄夫妇不太满意设计，但还是说服自己勉强接受了现实，准备签约，但最后关头他们考虑到女儿的状况，决定放弃签约。

左 屋顶较低，视野开阔。
右 拉上拉窗后，室内氛围变得截然不同。拉窗窗框的粗细及长宽比要根据窗户大小进行调节。

中庭一侧有一个玄关，方便家人的来往。厨房前的廊檐下可以举办烧烤派对。

川澄先生的大女儿天生体弱多病，需要专人看护。建房时，需要考虑前往浴室的动线，需要考虑何种房屋格局才能在女儿哭闹时最快地赶到她身边。不过，若需要家里人24小时陪伴，会让家人身心俱疲，两个儿子也会倍感压力。

"所以，我们对于建房及居家时光会更有追求。八岛先生设计的房子功能齐全，房间布局也能满足我们精神层面的需求，感觉他是在用真心为我们考虑。"川澄夫妇说。

"看到八岛先生设计的图纸后，让我很感动的一点是女儿的卧室在一楼，是家里面的中心位置。"川澄太太说。

川澄太太还说："我站在厨房时可以看到女儿卧室。八岛先生将全屋唯一的落地窗设置在女儿卧室，进出庭院非常方便。前来照顾女儿的看护人员可以直接从院子里进入女儿房间，而无须经过客厅，浴室也在女儿卧室旁边，中间只隔着一条走廊。我看到设计图纸后，不禁心生钦佩。对呀，只要把女儿的房间设置在一楼，就没有必要修建电梯了。"

两家协调之美

一开始，八岛先生想把两个男孩的房间也设置在一楼，在平房内部设置庭院。但这么一来一楼的空间规模会变大，不仅要考虑与马路的高低差，打地基等基础工作也会变得异常烦琐，再三考虑后还是将男孩的房间及和室设置在了二楼。

"设计时，让我比较苦恼的是如何控制房子规模。如果建成两层，就很难实现与对面父母家平房的协调。平房的整体美感较强，可以将北边修成下沉式来实现效果，但如果房子没有一定的高度的话，后面房子的屋顶就会凸显。"八岛先生说。

左　休息日，可在客厅躺椅上悠闲度日。
右　新来的家庭成员，宠物猫"塔比"。

从厨房可一览客厅全景。站在客厅抬头看，便可看到儿童房的窗户。由于屋顶较低，二楼与客厅的距离很近，沙发上方的天花板上贴了薄木板，给人一种安心感。

家人之间通过窗户
互相问好

到了晚上，在厨房忙碌之际也可通过窗户对家人说一句"欢迎回家。"

　　之所以将主卧设计成下沉式，是因为要控制靠停车场及马路的房间高度，保证屋顶单坡倾斜。不过，这样一来屋顶高度就不协调。因此，八岛先生对各处地面、天花板及屋顶进行了不同程度的微调，这也是这栋住宅的有趣之处。

　　二楼儿童房高度较低，面朝客厅挑空，仿佛伸手就能碰到。这是日本建筑师前川国男的风格，乃是川澄先生特地要求的。厨房外侧的空间经常被用来举办烧烤派对，这也是川澄先生参考建筑师安托宁·雷蒙德自家住宅提出的要求。与此前川澄先生张罗父母建房，会面商量时仅仅带了唱片护封和照片相比，现在川澄先生对于建筑的热情可以说是大幅增长。

卧室为下沉式设计。从卧室窗户向外看中庭时，感觉地面近在咫尺。

　　"沙发上面的屋顶很低，给人一种安全感。书房进出口是个拱形小门，从书房走出来后便有一种视觉开阔感。" 川澄先生说。地面低处贴上木板后显得更低，高天花板则显得更高，视野开阔，宽敞明亮。此外，开放式客厅南侧窗户并非落地窗，而是腰窗，营造出一种包围感。对此，川澄先生开心地表示："南侧窗户未选择落地窗，我很惊讶。不过看了八岛女士的素描后，觉得设计得非常好。爸妈家的落地窗就已经满足我的视觉需求了。"

沙发一角右手边靠里的区域是书房，其地面低于客厅地面。左边拉门里面是衣帽间。"坐在沙发上时，天花板的高度不会让人觉得压抑。"川澄先生说。

上、下右　面朝挑空的儿童房，非常明亮。大儿子刚刚升入初中，川澄先生准备在儿童房设置隔墙。

下左　书房非常适合学习，既安静，又能时常感受到家人在身边。

若即若离满院绿意，
乃是家人间的纽带

中庭连接着三代人，可在庭中漫步。紫荆树是从旧家移植过来的，如今新种了很多花草树木。"现在种类应该有100 种以上了吧。"川澄先生的母亲说。

"这个庭院对川澄先生父母家来说主要起观赏作用，而在这边则更重视实用性。"八岛先生说。院中有平地及石椅，非常方便。

一家人安静的夜晚。

正对面是川澄先生父母家。侧面有一条小路通往侧门，川澄先生一家人更倾向于从侧门进出，而非玄关。左边区域是公共晒衣区。

连接三代人的庭院

川澄先生家这一侧的院子实用性很高，可以开烧烤派对，也可以放烟花。而川澄先生父母家一侧的院子则重视观赏性，虽然是同一个院子，却形成了鲜明对比。中庭有很多石路小径，沿小径可环绕中庭。庭院临国道，紫荆树枝叶繁茂，花草绿植种类繁多，苏铁、吊钟花等都是从旧家院子里移植过来的。

新家功能一应俱全，同时也有旧家的记忆。这两栋房子历经长年岁月才终于完工，既让三代人保持着适当距离，又让三代人之间产生了诸多牵挂，他们的未来必将无限美好。

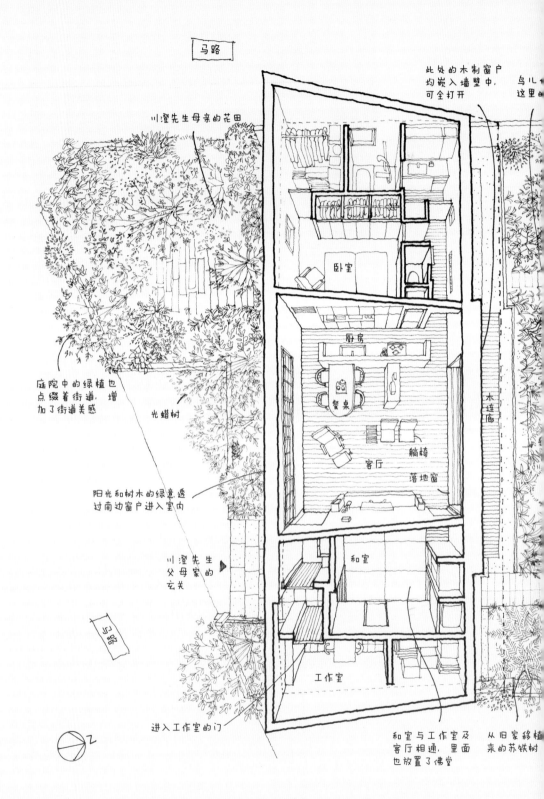

马路

此处的木制窗户
均嵌入墙壁中，　鸟儿
可全打开　　　这里的

川澄先生母亲的花田

庭院中的绿植也
点缀着街道，增
加了街道美感

光蜡树

卧室

厨房

餐桌

木连廊

阳光和树木的绿意透
过南边窗户进入室内

客厅

躺椅

落地窗

川澄先生
父母家的
玄关

马路

和室

工作室

进入工作室的门

和室与工作室及
客厅相通，里面
也放置了佛堂

从旧家移植
来的苏铁树

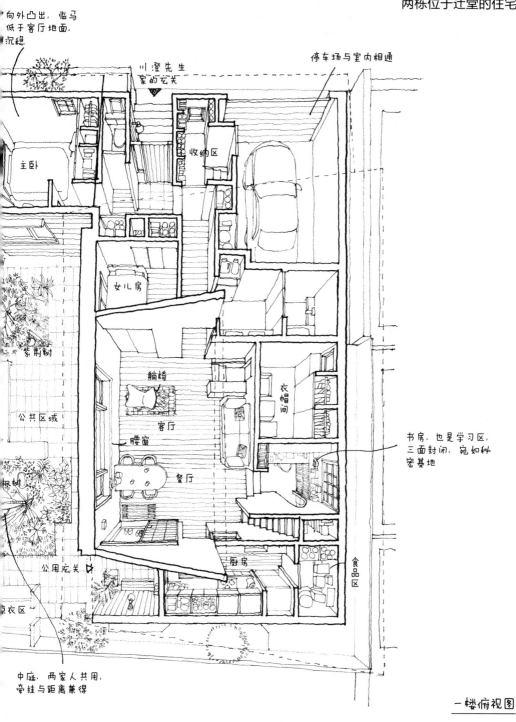

向外凸出，临马
低于客厅地面，
沉稳

川澄先生
家的玄关

停车场与室内相通

主卧

收纳区

紫荆树

女儿房

公共区域

躺椅

衣帽间

客厅

腰窗

书房，也是学习区，
三面封闭，宛如秘
密基地

餐厅

枫树

厨房

公用玄关

食品区

晾衣区

中庭，两家人共用，
牵挂与距离兼得

一楼俯视图

117

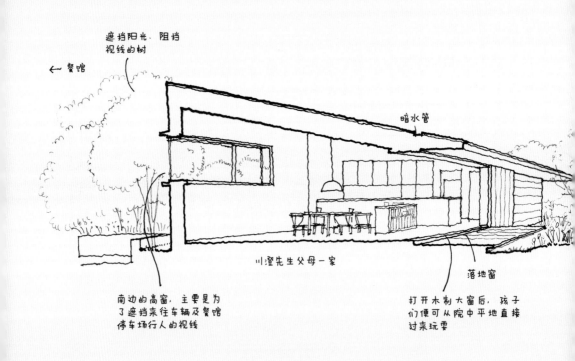

遮挡阳光，阻挡
视线的树

← 餐馆

暗水管

川澄先生父母一家

落地窗

南边的高窗，主要是为
了遮挡来往车辆及餐馆
停车场行人的视线

打开木制大窗后，孩子
们便可从院中平地直接
过来玩耍

两栋房子的设计均是单坡顶，越靠近
庭院屋顶越低，保证视野开阔

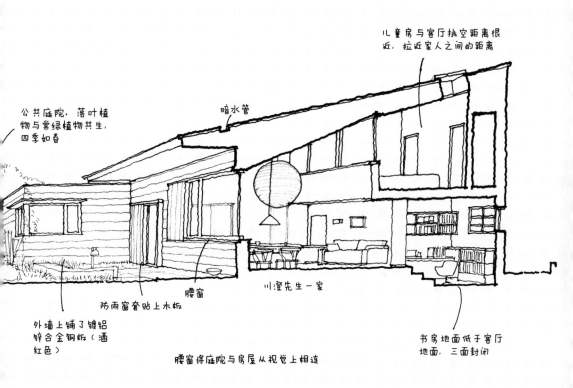

儿童房与客厅挑空距离很近，拉近家人之间的距离

公共庭院，落叶植物与常绿植物共生，四季如春

暗水管

外墙上铺了镀铝锌合金钢板（酒红色）

防雨窗套贴上木板

腰窗

川澄先生一家

书房地面低于客厅地面，三面封闭

腰窗将庭院与房屋从视觉上相连

剖面图

永久之家

　　这栋住宅位于父母住宅的对面，是将川澄先生自小居住的房子拆了后重建的新房，居住者是川澄夫妇及其孩子们。川澄先生拜托我们设计这处住宅时，其父母的住宅已经完工多年，因此从一开始基本设计方针就很明了。鉴于生活习惯截然不同的三代人要在同一空间生活，我们就在两栋房子中间设计了庭院，以营造出距离感，同时将房屋设计成"コ"字形，以遮挡来往行人的视线。此外，设计时我们还延续了川澄先生父母住宅的建房理念，最大化地控制了建筑高度，以减少对街道的压迫感，更好地与周边街道融为一体。

　　两栋房子客厅相对，中间是中庭。设计客厅时，在充分考虑两家对望时视觉效果的基础上，将川澄先生父母家客厅的窗户设计为落地窗，而将川澄先生家客厅的窗户设计为腰窗。落地窗面积很大，便于孩子们自由出入，而腰窗可遮挡部分视线。当川澄先生一家人在客厅活动时，对面可以看到他们的身影，当川澄先生一家人坐在沙发上时，对面就看不到他们的身影了。客厅东侧有一个家人专用玄关，便于家里人出入。公共中庭面积足够大，既能感受到彼此存在，又保持了适当距离，两家人可以按照各自的生活习惯生活。另外，中庭里还栽种了花草树木，种类繁多，枝繁叶茂的绿植在一定程度上也为两家之间制造出了距离感。

　　川澄一家的客厅设置了挑空，与父母家一样，客厅天花板很高，连接着厨房、三个孩子的卧室、公共学习房、衣帽间和和室。三个孩子的卧室都使用拉窗及拉门等隔开，打开拉窗、拉门后便与客厅连为一体。房子面积虽大，但孩子的卧室却与生活区紧密相连。主卧临马路，主要是为了避开来自中庭的视线。

　　距父母家住宅设计之初已经过去好几年，基于家庭成员的变化改变房子布局并非易事。川澄先生独立生活后，其父母在旧家的地皮上新建了一栋平房，面积较小。而新建的川澄一家的住宅今后又会发生怎样的变化呢？据川澄先生介绍，近期他打算将二楼的儿童房隔成两间。我们想今后他们的家可能还会迎来一些变化，空间格局与挑空之间的联系会进一步减弱。建房初期川澄先生一家并没有养宠物的想法，但现在家中多了一名新成员：宠物猫"塔比"，所以改变房子布局是必然趋势。

　　基于过去、现在及未来，为房子格局改变做相关准备至关重要。但是，如果我们过于拘泥于未来，就无法享受当下，切勿本末倒置。他们本来就在此地居住多年，这样长寿的房屋更应当能够满足各种微小的改变。希望我们设计的这处住宅能满足住户的使用需求，成为真正的"长寿之家"。

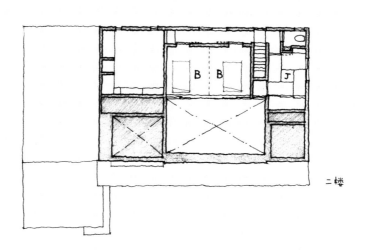

二楼

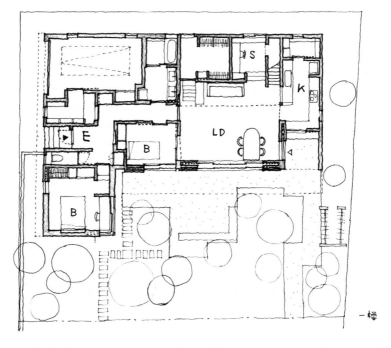

一楼

住宅平面图

建筑信息

地址：日本神奈川县藤泽市

总面积：395.2 m²

使用面积：210.74 m²（一楼：155.37 m²，二楼：55.37 m²）

竣工时间：2016 年

N
0 2 5 10m

旅行即美食之旅

我对于世界各地人民的生活充满好奇。

这是我和我妻子选择以设计为生的理由之一，而这一点在我们外出旅行时尤为凸显，外出旅游时关注当地建筑已成了我们的本能。在我看来，与风景巧妙融为一体的建筑才能充分彰显该地区的特色，这非常有趣。比如，正在修建的足球场及临时围栏、空调外机的安装位置、公共场所的格局设计、超市的日用品摆放等，观察这些建筑及事物的特点也是旅游的乐趣之一。

"对人们的生活充满好奇"，这种说法比较好听。事实上，我们一家及事务所同事都非常喜欢美食，所以我们的兴趣自然就是"吃"。就算是外出旅行，喜欢吃这一点也毫无改变，甚至可以说，旅行时我们只是在"吃"以外的空闲时间观赏风景。

正因如此，我们旅行时第一个目的地往往都是当地菜市场。而进入菜市场后，我们首先看的是"鱼"。我们通常会确认鱼有哪些类型、价格多少、烹饪方法及搭配菜品等。所以，我们会不约而同地前往当地的早市、餐馆等，品尝未知味道的菜肴，有时甚至会弄错食物的正确吃法，这些都给我们的旅途增添了许多乐趣。

旅行结束后，留在记忆中的除了美味菜肴，还有盛菜的碟盘等。陶瓷、玻璃碟盘等多使用当地原材料，采用传统工艺生产，我们通常会买几个带回家。之后，在家或事务所烹饪菜肴时，这些碟盘可是重现旅行地氛围的瑰宝。

　　说起旅行地的饮食，我想起我儿子有一个习惯。家庭出游时，他在餐馆享受完当地美味后，回到旅馆总是还想尝尝当地的泡面。"明明刚吃完那么好吃的菜，你竟然要吃泡面……"我和妻子也只是假生气，随后我们也会加入吃泡面的队列。出乎意料的是，饭后泡面也有另一种风味，超乎想象的好吃。

第二客厅，与猫同乐

位于吉祥寺南町的住宅

面朝庭院、蓝天的都市型住宅，钢筋混凝土结构。

下雨天可在开放式阳台看书，或待在阁楼享受非日常的生活……

即便面积有限，只要利用好材料及空间，也可度过一段惬意时光。

中庭正中间种植了长柄冬青，开小白花，山雀及暗绿绣眼鸟会在此驻足。

武藏野复古沉稳，时代感浓厚。吉祥寺则是次文化的中心，充满活力。S夫妇自小就生活在这一带，当他们准备建房时，毫不犹豫地选择在当地定居。

在此之前，他们住在老家，房子由建筑公司建造，只是重新装修过而已。S先生对建筑很感兴趣，他脑海中一直萦绕着一个念头："有朝一日，想要好好设计、规划自己的房子。"

理想之家

"明明已经装修好了，他却买了很多跟建筑有关的杂志和书籍。我很疑惑，于是就随意翻开了一本，刚好是介绍吉村顺三的文章。读完后，我不禁觉得，吉村顺三真是一个建筑大师。"S女士说。

对于吉村顺三设计的住宅，S夫妇一致认为，尽管房龄已达五六十年，但房子的设计风格却一点都不过时。"不，那简直就像是新房。我在网站及杂志上看到吉村先生的作品时，几乎就想照着他那样设计我的房子。"S先生说这句话时眼里有光。到时要交给谁设计、设计成什么样等，这样的想法不停地在S先生的脑海中浮现，最终，想法终于成为现实。

理想已定，自然就要挑选设计师。S夫妇拜访了好几位设计师，并实地参观，就房子设计进行探讨，最后S女士决定交由八岛先生设计。她说道："设计师们的设计理念不相上下，作品品质也是数一数二的。但唯一不同的是，八岛先生会站在我们的立场考虑问题，所以选择了他。"而选择八岛先生还有另外一个原因，即八岛先生设计过很多钢筋混凝土结构的住宅。几年前，S夫妇邻居家曾发生过火灾，S夫妇受到了极大惊吓。自此之后，他们便决定下次建房时一定要选择钢筋混凝土结构的住宅。

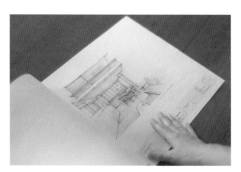

左　门把手是金属制的。
右　八岛夕子女士绘制的房屋素描及设计图纸。建成后的房子与图纸基本相符。

客厅有一扇大窗，
窗外是满院绿植

上　朝西的客厅非常明亮，基本不需要打开朝南窗户的拉窗。右边是厨房，客厅与厨房间隔着楼梯。
下　窗边的收纳柜里放着书和碟片。飘窗由拉窗及薄木板窗框组成，与厨房旁的桌子区域连在一起。

中庭四周的围墙刷成了白色，仿佛
与室内墙壁连为一体。从一楼洗手
间出来后便是晾衣区。晾衣区的室
外楼梯通往阳台及二楼客厅。

天井式建筑

　　S夫妇买下的地皮东侧临街道，东西走向，呈狭长状。南边紧挨着邻居家，无法设置庭院或者大型窗户，但西侧有空间，且足以满足采光通风的需求。"一楼并非开放式，也不通往庭院，所以我将房屋设计成天井式，并把客厅设置在二楼。这样一来，便可在最佳位置观赏到院中绿植枝叶最繁茂葱郁的样子。"八岛先生说。

　　八岛先生在设计时，比较在意两点：一是，在住宅密集区，要空出多大面积的庭院用于栽种绿植；二是，庭院与房子该如何布局。对此，八岛先生表示："中庭设计的基本原则是，要保证从室内各个空间都能看到中庭。比如从一楼卧室、从浴室、从二楼客厅等。从中庭楼梯及阳台看向室内也是极美的风景。中庭是这个家的中心。"

人猫宜居

　　S夫妇很早就给了八岛先生一张设计要求清单，里面汇总了很多他们喜欢的八岛先生的设计要素。比如，木制窗框的飘窗、柳安贴面板的天花板、嵌入拉门和窗框的空间……除此之外，他们还特地提出两点要求：一是希望房子能够设计成能与两只宠物猫共同舒适生活的宜居环境；二是将来可能会与父母同住，希望房子设计成适合二世同堂的样子。

左　卧室里只有床，衣柜位于走廊。
右　一边泡澡一边欣赏院中绿意。

窗户旁的梯子通向阁楼，阁楼地板上铺着榻榻米。名栗加工（日本传统刨削技法）的地板与木板长桌，为阁楼增添了些许旅馆氛围。

厨房刚好够两个人活动,

有说有笑,

充满爱意的空间

上　厨房是半封闭式,由吧台及拉门组成。材料大量使用黑樱桃木,尽显精致。

下　厨房旁边有一个小空间,里面放着女主人喜欢的书籍,比如烹饪书籍等。

基于以上要求，八岛先生在一楼入口旁边设计了待客厅，空间独立。为了防止猫从家里溜出去，在入口处设计了一个拉门，将该拉门拉上后，与洗手间及卧室连为一体的走廊区便会变身为步入式衣橱，充分利用了面积及动线。另外，还在楼梯中间的墙壁上设计了一个形似动画片《猫和老鼠》中出现的拱形小门，猫咪们可通过拱形小门进入卧室，然后沿着卧室墙壁上的木板阶梯进入卧室。"二楼的猫咪卫生间设计，真是惊艳到我们了。八岛先生设计的房子不仅功能一应俱全，而且设计风格也很独特别致。"S夫妇评价道。

沿着楼梯进入二楼，这里的地板设计涵盖了S夫妇列出的设计清单中的所有要素。LDK临中庭，窗户很大。客厅内饰中最引人注目的是高品质材料，阁楼长桌到厨房贴面材料，再到飘窗下方的收纳柜柜门，无一不是高品质材料。这些材料随着岁月流逝会越来越有韵味，完全符合S先生的心意。

阳台视野开阔

若要说这处住宅最吸引眼球的地方，毋庸置疑要数阳台。阳台位于二楼，面积 10 m² 左右，朝向中庭凸出，与客厅分离。阳台上有一把石椅，与墙壁及屋顶连为一体，能坐下三四个人。

"其实我一直想要一把这样的石椅。S夫妇和我们的想法很相似，要是换作我们的话，也会在石椅上摆上几个靠垫。傍晚时分，夫妇俩坐在石椅上边观赏院中风景，边小酌几杯，想来真是惬意。"八岛先生满面笑容地说道。

左　卧室墙壁上有木制台阶，层次分明。
右　一、二　专门在卫生间里为猫修了厕所。专用进出口及换气扇一应俱全。

宠物猫小吉，形体较小。楼梯旁的墙壁上沿呈锥形，主要是为了防止猫爬上去。

从卧室往上看，便可看到一个猫用入口，呈拱形，外形很可爱。

趴在楼梯，露出半个身子的是一只名叫"小卢卡"的公猫。

开放式阳台下有一把石椅，上面放着毯子及靠垫，宛如第二客厅。

在家中俯视中庭时，中庭的台阶及石椅成为院中风景的一部分。

八岛先生说，他们在设计房子时，一般会换位思考，如果是自己的话，会想要什么样的房子。而这也同样适用于决定各个区域的大小及所需费用等。城市中心的房价很贵（公摊面积也属于地皮面积），因此他们非常理解客户希望将带屋顶的阳台设计成实用性高的空间的想法。但八岛先生坚信自己的设计方案更好，于是他做了最坏的打算，向S夫妇说明了自己的设计方案，幸运的是最后获得了S夫妇的赞同。

"其实，一开始我是有抵触情绪的。"S太太诚实地说道，"当时，我心里有很多疑问，比如中庭一定要这么大吗？没有阳台的话，客厅的面积岂不是更大？连最近新建的公寓的客厅都三十多平方米呢，我们家的客厅却只有二十多平方米，真的没问题吗？但八岛先生解释说，客厅足够我们两人使用，中庭面积再小的话，就没法栽种绿植，而且阳台可以开阔视野。等我住进来后，我发现确实如八岛先生所说。"

阁楼下面是餐厅及挑空客厅，从客厅向外看时，透过长柄冬青树的枝叶间隙便可看到对面的阳台。"果然，最重要的还是协调性。客厅面积要是再大的话，会使整个空间都失去协调性。"S先生颇为赞同地说道，"我们也讨论过其他设计方案，比如将厨房放在阳台的位置等，但最后还是觉得现在这个格局最合适。虽然阳台的使用率不如其他场所高，但阳台本身的存在就营造出了一种美感。我们每晚都会打开阳台的灯，观赏院中风景。"

左　大谷石营造出的干爽环境，猫也很中意。
右　客厅视角的阳台，作为室外的另一居所，给人以特别的感受。

傍晚时分，阳台视角的客厅一角。"从室外看灯光点缀的室内，这种感觉太棒了。"八岛先生说。

从外面看，房子屋顶倾斜，飘窗、房檐、门前石椅为房子增添了色彩。一楼外墙是混凝土墙，墙壁上贴了杉木板，纹理饱满。

女主人很喜欢做菜。今日份菜单：韩式真鲷刺身、法式炖菜、黑啤煮猪里脊、腌紫甘蓝。"我们俩每晚都会开一瓶红酒或者香槟。"S女士笑着说。

阳台连接室内外

晚上，客厅的白色墙壁向外延伸，仿佛中庭也是客厅向外延伸的一部分。这栋住宅面积小、体积小，是一栋非常紧凑的钢筋混凝土结构住宅。但室内视野开阔，空间充足，这一点仅从外观是无法看出的。

"从中庭往上看可将从卧室到阁楼三层都尽收眼底。我光看着这栋房子，就十分开心，觉得这是自己心中理想的家。"八岛先生说。设计师和住户共同的理想之家，这份理想之家建成的满足感让整个夏天都洋溢着幸福的味道。

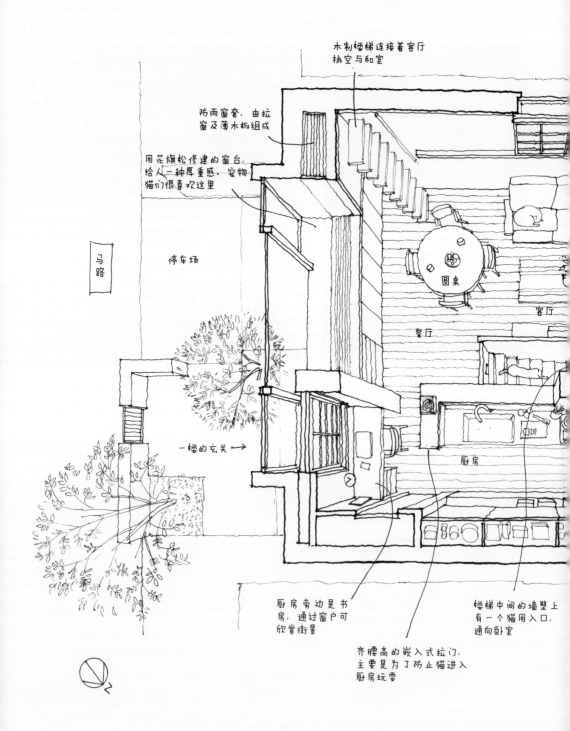

木制楼梯连接着客厅
挑空与和室

防雨窗套，由拉
窗及薄木板组成

用花旗松修建的窗台，
给人一种厚重感，宠物
猫们很喜欢这里

马路

停车场

圆桌

客厅

餐厅

厨房

一楼的玄关 →

厨房旁边是书
房，通过窗户可
欣赏街景

齐腰高的嵌入式拉门，
主要是为了防止猫进入
厨房玩耍

楼梯中间的墙壁上
有一个猫用入口，
通向卧室

位于吉祥寺南町的住宅

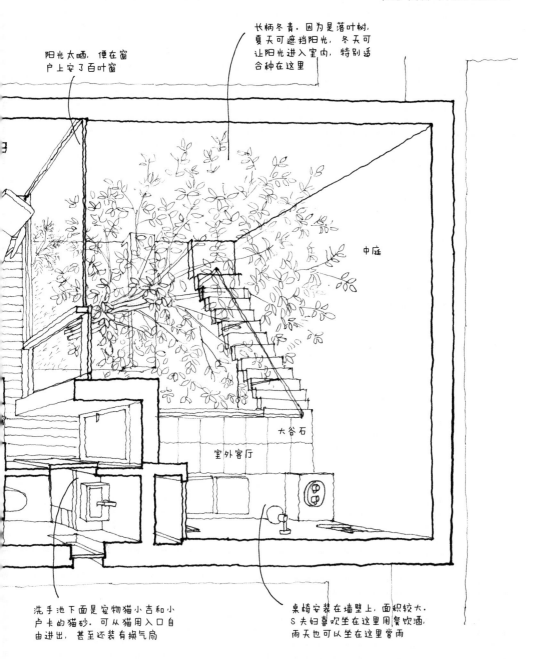

阳光太晒，便在窗户上安了百叶窗

长柄冬青。因为是落叶树，夏天可遮挡阳光，冬天可让阳光进入室内，特别适合种在这里

中庭

大谷石

室外客厅

洗手池下面是宠物猫小吉和小户卡的猫砂。可从猫用入口自由进出，甚至还装有换气扇

桌椅安装在墙壁上，面积较大。S 夫妇喜欢坐在这里用餐饮酒，雨天也可以坐在这里赏雨

二楼俯瞰图

141

第二客厅

此处住宅位于城市中心的住宅区，各个住宅间的距离很近，里面住着一对夫妻和两只猫。客户的主要要求是隐秘性高、防火抗震、格局呈天井式（中庭形式）的钢筋混凝土结构住宅。若中庭面积过小，外墙过高，采光通风就差，不利于中庭中绿植的生长；若外墙过低，即便有中庭，客厅窗户也会与邻居家窗户相对，房屋隐秘感及舒适感就会变差。基于这些特点及严格的城市房屋建设法则，我们将围绕庭院的二楼的部分区域设计为外凸式阳台，将中庭及上部空间连为一体，视野开阔的中庭便诞生了。

地皮是东西走向，呈长方形。东侧临街道，所以将停车场设置在东侧，中间是房子，西侧则是中庭。一楼卧室临中庭，洗手间位于西北侧，入口位于东侧，入口旁边是待客室。二楼为一体式 LDK，中心区域挑空。中庭既要保证从东侧窗户能看到街景，又要保证西侧窗户的隐秘性。与此相对，餐厅的天花板高度较低，给人一种安心感。餐桌上方有一个小房间，房间里铺着榻榻米，只有通过陡峭的楼梯才能进入该区域，是两只猫的中意之地。

外凸式阳台位于西北角，虽在室外，但有屋檐，还在阳台上修建了石椅和桌子。阳台上的桌椅直接使用成品家具可能更方便，但考虑到天气变化及便利性，还是设计成了石椅石桌。

阳台与客厅之间有一堵墙隔开，这主要是为了区分室内与室外，以转换居住者的心情。外墙较高，能够挡住行人及邻居家的视线，利用该优势将临中庭的客厅、餐厅区的窗户设计成了落地窗。将落地窗前方，即朝向中庭凸出的区域设计成阳台，阳台便成了中庭以外的另一道风景线。同时，当我们站在阳台上看室内时，又是另一番风景，着实有趣。阳台私密性好，S 夫妇可悠闲地在阳台享受时光，上面还有面积较大的屋檐，下雨天也可使用，冬季和夏季的用途也各不相同。天井式住宅相对来讲较封闭，但该住宅有一个独特之处，即可从室内多个角度看向中庭，这也成了休整庭院的一个契机。站在室内看爱猫在院中"巡逻"也是一大乐趣。

设计时根据客户的需求，要发挥自己的想象，设想客户会如何使用房子，并且要超越客户需求，提供更好的设计。

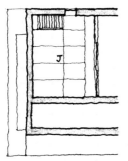

建筑信息
地址：日本东京都武藏野市
总面积：132.30 m²
使用面积：104.22 m²（一楼：52.11 m²，二楼：52.11 m²）
竣工时间：2018 年
施工单位：The House 工务店

阁楼

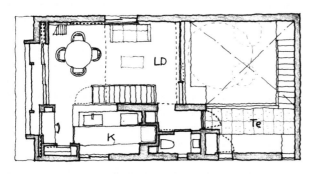

二楼

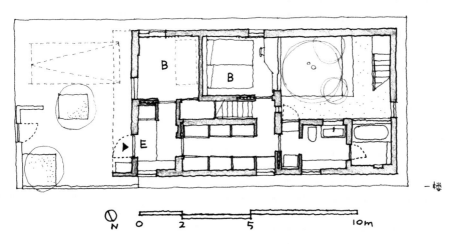

一楼

N 0 2 5 10m

住宅平面图

传承生活

位于梶原的住宅

在人生转机之际，从高楼林立的市区搬到了树木葱郁的郊外。
想要一栋住宅让三代人同堂生活，并最终选择了一所二手住宅，
进行翻新重建。
日式木造住宅，框架简洁，别致独特，崭新中透着些许复古意味。

"伫立之美"为购房的决定性因素
屋顶呈三角形，房屋构造极其简洁

住宅北侧正面视角。将仓库、树木及院门全部移除，门口地面铺上有孔地砖。房屋南侧可将镰仓的美丽山景尽收眼底

一辆复古的灰色小型老爷车缓缓地停在北镰仓车站前，一位高挑男性边将头发边从车上下来，此景宛如一幅画作。待到仔细一看，原来这人便是房主福井先生。

沿着山路小径往上走，拐过高台拐角后，一大片绿色映入眼帘。这一带的住宅均建于1964年东京奥运会结束之后，随着时间流逝，老一代人离世，后代人便继承了房产。后代人继承房产后，多数是将房产出售，福井先生买入的就是其中之一。

翻新

"促使我买下这里的决定性因素是伫立之美感。从坡顶往下看时，房子比例与屋后景色相得益彰，房子正面布局极其简洁，屋顶呈三角形，旁边有停车场。唯一多余的是仓库和院门，只要将这些多余之处拆除，这栋房子就是我想要的理想之家。"福井先生说。

福井先生的评价之所以如此到位，是因为他也是一位建筑家。虽然现在从事其他工作，但八岛先生在东京艺术大学担任助手时，福井先生还是艺大的学生。六年前，他和朋友共同设计了一栋位于东京都中心的三层住宅，享受着都市生活。等到第二个孩子出生后，福井先生一家决定换个环境生活。对此，福井先生表示："自父亲去世后，我一直在寻找一个合适的机会，以便和母亲共同生活。现在时机刚好成熟了，而且母亲曾在西镰仓生活过，选址时自然就选了这一带。"

福井先生也考虑过建设新房，但现在建房工价很高，两代人住公寓也较为拥挤。并且，还需要给房子留一个多功能空间，以保证其母亲可以在家继续开办乐器演奏、植物绘画、书法、古典文学等兴趣班。

左　窗户很大，从外面也可以看到屋内灯光。这是客户的要求。
右　有空地让客人停车也是选择这里的一大因素。

玄关虽小，但通过改变门槛朝向营造出了视觉宽阔感。门口有鞋柜。墙上的装饰画是福井先生母亲高中的前辈画的。

门口旁边是母亲的爱好区。天花板上贴了柳安木板，多束干花倒挂在空中，光泽已失的黑色钢琴伫立在房间一角，十分协调。

"还需要有地方放母亲的钢琴。兴趣班的老师是母亲高中时代的老朋友，对于孩子们来讲，这也是一个接触老一辈人的好机会。深思熟虑后，我决定要把新家建成舒适的木造住宅，而非钢筋混凝土住宅。同时，除了新房，我也能接受旧屋翻新，在看过很多房产后最后买下了这里。"福井先生说。

翻新到何种程度？

"使用面积不到 300 m²，木造住宅，房龄 47 年，室内空间宽度大于深度，各个房间并列，均朝南。榻榻米房间外的木连廊前方有枫树和紫薇，院中有一块点景石，尽显日式庭院氛围。房子一角是和室，朝外突出，内有地炉。北面建有仓库，导致厨房和餐厅光线昏暗，不过，只要将仓库拆除，便可解决光线问题。"福井先生介绍说。听到这里，我不禁发问："您自己设计岂不是更方便？"福井先生却摇摇头说："不行了，我已经很多年没碰过设计软件了。"

福井先生决定将房子委托八岛先生设计的契机，是他在母亲家附近散步时，偶然发现了一栋设计精致且独特的房子。福井先生说："当我看到那栋房子时，不禁为之惊讶。日式复古风格与现代建筑风格的巧妙结合实在是太棒了。刚开始我还不知道是八岛先生设计的，后来我在八岛事务所的网页上看到了那栋房子的展示图，当时我就决定要将房子交给八岛先生设计。后来，买下地皮后，就试着联系了八岛先生。"

八岛先生实地考察完后，觉得房屋构架很好，打开墙壁和地板后，发现框架和地基也很结实。

左　餐桌旁的书房，现在用途广泛，以后准备作为孩子的学习区。
右　沙发一角，给人一种娴静惬意之感。

位于钢琴室旁边的长桌，面朝庭院。天花板较低，宛如独立空间，让人安心惬意。

　　"翻新要花不少钱呢。整体翻新的费用差不多是建造新房的六到七成，因此必须明确要翻新到什么程度、翻新的预算是多少。"八岛先生说。本次翻新利用了原有的地基及房屋框架，并加固上层构造，修理了屋顶漏雨的地方，换上隔热材料，窗框也换成了密封性更好的材料，加固了梁柱接口处。"以前的室内格局分为多个小隔间，这次要打通各个区域，使其形成一个大房间。同时也要明确区分家人生活区与兴趣班教室区，基于现有结构分别做了格局调整。"

客厅屋顶较低，营造出
惬意舒心的休闲氛围

一楼东西走向，狭长形，室内连成一体。客厅氛围厚重，餐厅则明亮开阔。

空间切换感

　　玄关设有一个大型窗户，以增强视觉开阔感。进入玄关后，便是钢琴室，平时也会用来办兴趣班。隔壁是客厅，客厅与钢琴室之间由推拉门隔开，客厅旁边是厨房及餐厅。从玄关径直穿过走廊，便不知不觉地到达厨房，这一设计新颖且有趣。福井先生的母亲也很喜欢建筑，她希望八岛先生能在走廊尽头开一个窗，以便采光。因为她曾经在八岛先生的书里看过类似的设计，希望自己的家里也能有一个这样的窗户。于是，八岛先生便将厨房前面的间隔门设计成了玻璃门，以便阳光能够抵达玄关走廊。

紫薇是传承旧家记忆的代表性树木之一。南侧突出的区域是和室书房，室内有地炉。

福井先生尤其在意厨房与客厅的格局。他说："以前我们家是开放式厨房，但今后我们要和我母亲住在一起，对我妻子来讲，我母亲是婆婆，如果有人在厨房忙活，就连我也没办法在客厅随意待着，会在意彼此的存在，更何况婆媳共处一室呢。所以，我希望厨房设计成半封闭、可环绕式的，保留一些私密感。"

八岛先生一般会利用层高营造出不同空间的开阔感及独立感。在设计这栋住宅时，八岛先生也巧妙地利用了天花板，营造出了既相对开阔，而又富有独立感的空间，同时也隐藏了既存房梁。钢琴室和客厅的天花板偏低，采用柳安木板贴面。窗边的桌椅一角上方的天花板更低，宛如飘窗。客厅墙壁用薄木板贴面，颜色偏暗，给人一种沉稳感，而餐厅的天花板偏高，墙壁是纯白色，显得宽敞又明亮。

"这栋房子的宽度远大于深度，我设计时，通过将临庭院窗户设置为凸窗、沙发靠墙设置、孩子们的学习房设置在餐厅对面且连为一体等细节，凸显空间开阔感。"八岛先生说。

设计师与业主的联合之作

为了能够进一步缓解空间压迫感，福井先生亲自选择了灯具。餐厅是这个家的核心，打开餐桌上方的大型吊灯与钢琴上方的台灯后，两处灯光各处一端，相互呼应。家中灯具很多，如沙发上方乔治·尼尔森设计的 20 世纪 60 年代的灯具、橱柜上柳宗理设计的台灯、学习区放置着野口勇设计的方形纸罩座灯，打开这些灯，室内便会变得复古且充满日式格调。

左　为了提高隔热性能，将窗框换成了密封性好的材料。
右　庭院一年四季都可赏花，大部分是宿根花卉。

位于停车场上方的房间是福井先生母亲的卧室，墙壁颜色是蓝灰色，是她自己选的。

庭院中百花盛开，有白蝶草、一串红、蔷薇等。

桌子附近的窗户中透过日光，让室内始终保持明亮。

母亲开办的兴趣班。她会定期邀请不同学科的老师过来上课，上课期间总能听到爽朗的笑声。

餐厅，三代人的纽带
将每位家人紧密相连

餐厅上面有一盏大型吊灯。因空间呈狭长形，福井先生特地调整了餐桌宽度。

　　除了室内设计，福井先生还亲自栽种了院中绿植，用前主人留下的砖块铺了平台。看到福井先生揽下所有装修工作，我还担心他的妻子会不会有自己的想法。不料，福井先生的妻子和其母亲相视一笑说道："做得都很完美，没办法让人提意见呀。"两代人已在这里生活了整整一年，婆媳关系融洽，两人甚至会一起外出旅行。

　　在人生迎来转机之际，抓住时机搬到新房子，一家人的人生故事愈发丰富多彩。

　　"也有人等孩子长大后才建房，真的是太浪费了。我不是因为没钱才选择旧屋翻新，我是想让家成为守护家人的港湾。同时，我也想让家人享受复古且沉稳的居家环境。"福井先生说。

　　采访期间，我发现福井先生一家对于房屋格局及各空间的用途都非常明确。后来，我突然意识到从福井先生出现在北镰仓车站前的那一幕开始，我们就已进入福井先生的世界了。

厨房吧台上的柱子是房子构造不可或缺的要素之一，将厨房空间均匀地一分为二。

从儿童房的窗户可以看到远处的源氏山，山里有著名的钱洗弁天神社。

钢琴室的飘窗外面参照西式建筑栽种了白藤。

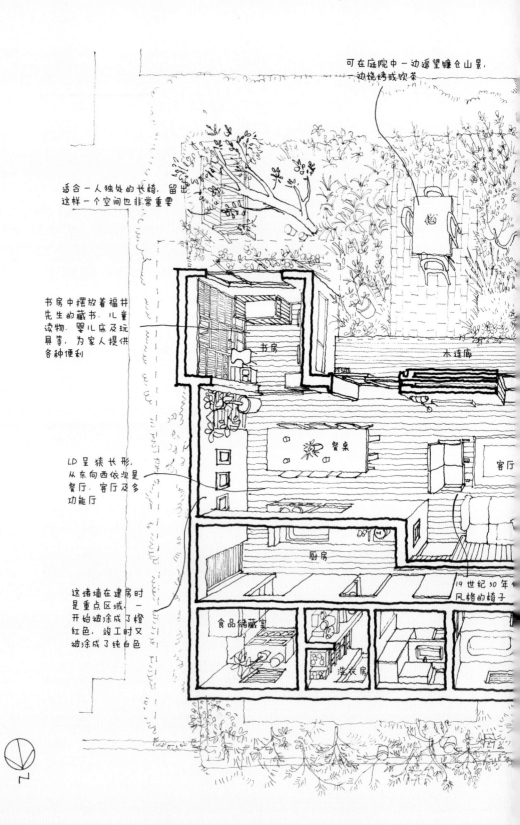

可在庭院中一边遥望镰仓山景,一边烧烤或饮茶

适合一人独处的长椅,留这样一个空间也非常重要

书房中摆放着福井先生的藏书、儿童读物、婴儿床及玩具等,为家人提供各种便利

书房

木连廊

餐桌

客厅

LD呈狭长形,从东向西依次是餐厅、客厅及多功能厅

厨房

19世纪30年风格的椅子

这堵墙在建房时是重点区域,一开始被涂成了橙红色,竣工时又被涂成了纯白色

食品储藏室

洗衣房

N

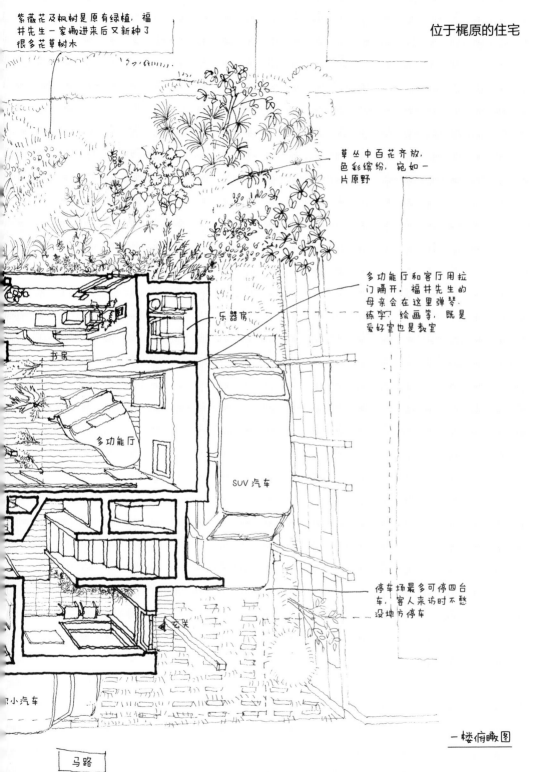

紫薇花及枫树是原有绿植，福井先生一家搬进来后又新种了很多花草树木

草丛中百花齐放，色彩缤纷，宛如一片原野

多功能厅和客厅用拉门隔开。福井先生的母亲会在这里弹琴、练字、绘画等，既是爱好室也是教室

乐器房

书房

多功能厅

SUV 汽车

停车场最多可停四台车，客人来访时不愁没地方停车

小汽车

一楼俯瞰图

马路

161

团聚之家

此处住宅位于北镰仓附近一个大型小区的一端，这一带住宅林立，绿植葱郁。由于住宅房龄较长，很多户人家对房子进行了重建、改造。业主购入的房子是一处旧宅，视野开阔，购入后并未重建，而是进行了翻修。

这栋住宅住着福井先生一家四口及其母亲，因其母亲要在家里开办乐器演奏、植物绘画等兴趣班，所以福井先生希望将房子布局改为一体式。由于是翻修，考虑到构造时无法自由改变梁柱的位置，所以设计时就最大化地利用了原本格局。

"我们家会来很多人，希望将 LDK 的面积设计得大一点。"我经常会听到这样的设计要求，但 LDK 的面积并不是越大越好。天花板低，有包围感的空间及风景优美的窗边、略微下凹的空间一角带来的舒适度等，有时这些地方反而能给人带来意外之美。

福井先生购买的住宅临北侧马路，呈东西方向的长方形，一楼北边是厨房、浴室、洗手间等，南边是客厅和几个小房间。翻新时基本沿用了原有房屋的构造及整体格局，拆除了一些多余的隔墙，在南边留出了一大块地方将其设计为一体式 LDK。

客厅还被用作多功能厅，福井先生的母亲会在这里办各种兴趣班。客厅一角摆放着钢琴，中间有一道推拉门将客厅一分为二。南侧 LDK 与北侧洗手间之间有一条走廊，沿着走廊可贯穿南北，即便是家中来客时也能兼顾家人。客厅及餐厅利用该区域有高有低的既存地面及天花板的高度，营造出了一种空间惬意感，以便居住者一边享受日常生活，一边欣赏内装材料及颜色。

厨房位于东侧，呈半开放式。不过，一开始我们向福井先生提议的是全开放式厨房。之所以会有这样的提议，是因为福井先生家人多且来客多，将动线设计得较为简洁，再将厨房设计成全开放式，既方便使用，也能使空间看起来更开阔。但在与福井先生讨论的过程中了解到，福井先生希望将厨房设计为半开放式，一是可以确保两代人之间可以留出适当距离，二是当家里来客人时，可以遮挡客人视线，便于家人使用厨房。基于此，我们将厨房临客厅的一侧设计为隔墙，增加了厨房的隐秘感，这样一来厨房之外的人看不到厨房里的情况，实现了家人日常与兴趣班日常的和谐交汇。

以南庭为中心的室外结构几乎是福井先生亲自设计的，他用前住户留下的砖块重新铺了平台，保留了庭院中的花草树木，又在院中栽种了新植，营造出复古又舒适的庭院氛围。这栋房屋并非单纯地拆除重建，而是通过翻新孕育出了新的生命力。与新房不同，保留着几代人生活痕迹的房屋会给住户带来不一样的愉悦体验。

建筑信息

地址：日本神奈川县镰仓市

总面积：297.39 m²

使用面积：138.92 m²（一楼：93.37 m² ，二楼：45.55 m²）

竣工时间：2018 年

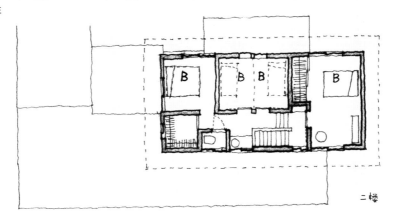

二楼

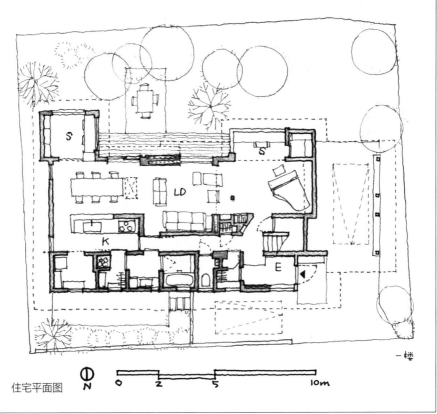

一楼

住宅平面图

0 2 5 10m

饮茶时间

事务所每天都会有早茶、上午茶及下午茶时间。

没有明确规定每天由谁负责泡茶，而是每个时间段最想喝的人领头泡茶。除了上午茶，早上和下午多是我负责。虽说是"饮茶"时间，但以咖啡为首，还有绿茶、红茶、香草茶及中国茶等各种种类的饮品。

有人可能会认为我们主要是聚在一起聊设计、聊工作，其实并非如此。在饮茶时间，我们几乎不会聊工作，新员工及在其他设计所工作过的实习生通常会惊讶于此。

饮茶时不可或缺的便是甜点，偶尔会有广受好评的著名甜点，但大多数是常见甜点。没有明确规定由谁负责购买甜点，只要有人发现甜点区甜点快没了便会主动进行购买。除了海内外驰名品牌，也会有一些知名度偏低的品牌，此时负责发放甜点的人就会问大家"这个如何""你知道这个牌子的甜点吗"等，发现了味道不错的牌子时，每个人都会满脸笑意。

有人可能会觉得这与设计完全无关，其实不然，我们总是在饮茶时间进行一段"小旅行"。除了味道，我们还会讨论甜点的原材料、生产厂家、包装设计及颜色、性价比等，有时也会涉及当地美食及生活方式、当地建筑等。聊得很开心时，往往意识不到时间的流逝，等回过神才发现已聊了很长时间。

除此之外，我在家一天会饮四次茶，分别是早上起来后、早饭后、晚饭后及就寝前。加上在事务所的三次，我一天最少会饮七次茶，如此频繁的饮茶习惯可能与我从小生活的家庭环境有关。

我们一家人经常回老家，现在回想一下，我妻子在婚后一段时间应该对我家如此频繁的饮茶次数倍感不解吧。

往返两地

位于叶山一色及野尻湖的住宅

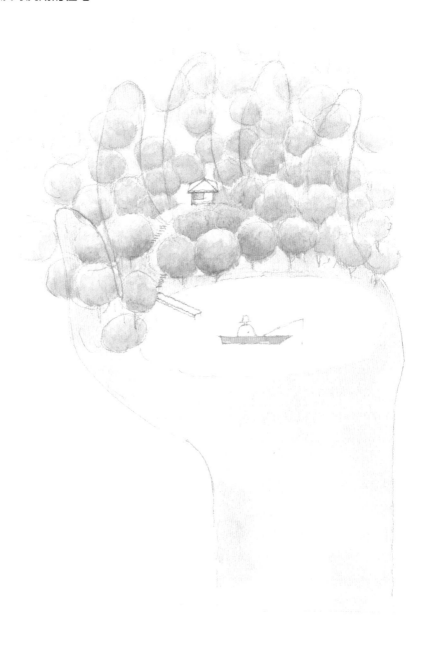

和设计师讨论房屋设计时，就如同向医生敞开心扉一般。
自己真正想要的是什么？何时才会感受到幸福？
城郊住所与林中别墅，往返于两地的生活就此开始。

锯齿形屋顶便于东边采光。左边是山森先生岳父母一家，右边的 L 形区域是山森先生一家。外墙用镀铝锌合金钢板贴面，便于维护。

锯齿形屋顶
将两栋房子巧妙地连为一体

晚夏的叶山到处都是蝉鸣声，沿坡道向上行至尽头，一栋背靠山坡的银色房子便映入眼帘。伴随着一声"欢迎各位"，主人开了门，眼前是一个径直通向大厅的入口，而通过入口望去，屋后绿植宛如隧道出口一样炫目。

联系亲情的缓冲区

"铺上榻榻米之后会占用多大面积呢？其实还挺大的，导致最后没有留出收纳空间。不过，我看到模型时，感觉房子很有特点，心想我的家就应该是这个样子。"山森先生笑着说。

略微奢侈的空白区是一处缓冲区，也是迎客区，左右两边是山森夫妇和岳父母的共享空间。地面是水泥地，较为少见，略带褶皱的质感让人不禁联想到大地，房间氛围与身着短裤赤脚走在水泥地上的山森先生的气质相映成趣。山森先生此前在朋友家体验到了地暖的高效率及舒适感，所以强烈要求将地面设计成水泥地。此栋住宅南边靠山，南边光照条件差，但八岛先生认为这反而是一个独特之处，可以通过技术手段来弥补南边光照稀少的缺陷。八岛先生将屋顶设计为锯齿形，形似工厂屋顶，以确保东边阳光充足。

进入室内后，首先让我惊讶的是下挖两层设计的客厅及餐厅，两层相差 40 cm。据了解，本来第一层设计的是客厅，再往下一层是餐厅，但山森先生一家搬进去后改变了使用方式，在第一层的矮脚圆桌上用餐，在第二层的空间内放松休息。

"最佳位置是窗户边。像这样躺在长椅上，视线可及樱花、山峰、天空，地面近在咫尺，仿佛以虫子的视角在看世界呢。"山森先生边示范边解释说。

左　入口旁的廊檐下有一把长椅，这是必不可少的设计要素之一。
右　灵活适应地形设计的阶梯状石阶向四周延伸，庭院宛如公园。

入口处走廊视野开阔，视线可及对面庭院。打开左边拉门后，便进入山森先生家，打开右边拉门，便进入山森先生岳父母家。从玄关进来后，有一个缓冲地带更好。

厨房视角的客厅及餐厅。屋顶很高，地面呈凹型，一点也看不出是平房。水泥地的方向指示性较弱，将室内连成一体，各个区域无明显界限，让人感觉自由无拘束。

窗户边，山森先生最喜欢的地方。皮革制的长椅也被用作台阶。

从山森先生岳父母家客厅看对面，视线可及对面房子的洗手间门口。

打开正对走廊的拉门后，便可直达岳父母家的客厅。

改变住所及生活方式

"减少室内物品,享受视野开阔的乐趣,用心营造不被家具所捆绑、自由自在的生活方式。"这是山森夫妇在建造这处住宅的过程中收获的乐趣。长期以来,山森先生通过工作及旅行领略了世界各地风景及各种美好事物,曾经他也拥有很多精致、便利的物品,以及堆积如山的家具、书籍、衣服等。"想想以前的生活,收在箱子和柜子里的都是'欲望的产物',那个时代的主流思想就是让自己的家变得像美术馆一样。"山森先生笑着说。

30岁时,山森先生买了一套二手房,房子位于临海高地,两层独栋,面积很大,视野开阔,唯一的缺点就是打扫起来非常烦琐。等孩子出生后,抱着孩子的同时还要提着一堆东西上下30多个台阶,非常费劲。年轻的时候不会去想过去和将来的事情,可当看着孩子时,还是会不自觉地想到10年后、20年后的生活,以及工作方式、父母及自己的养老问题。"后来,我就意识到我必须尽快做出改变,以备将来之需。"山森先生说。

负责出售上一处房产的房地产中介给山森先生介绍了现在的房子。虽然房子靠近小溪,且倾斜度很大,但比起便利的城市,山森先生一家更喜欢远离道路的死角地带。再加上他们想让山森太太的父母也住在附近,于是就连同旁边地皮一起买了下来。

山森先生一开始就决定要将房子交给建筑师设计。他说:"我希望每天都能在房子里感受到新鲜感,能舒适惬意地生活,家中格局及设计协调不乏精致。不过,家的设计就如同'发现自我'一般,并没有标准答案。我们需要与设计师进行多番交流,像对医生诉说自己的病情一样告诉设计师我们的需求,让设计师理解我们想要的家之模样,这是委托设计师的好处。"

左　因为不想在客厅放置大屏液晶电视,所以一般使用投影仪来观看电视节目。
右　宠物猫小圣诞是圣诞节那一天在久里浜捡到的,所以给它起名叫"小圣诞"。

因此，山森先生认为，与设计师亲自交谈至关重要。他说他在自己的工作中也经常会遇到"传话筒事故"，本来在现场定好的事项经人传达后会出现各种信息偏差。由于人们在传话时往往会顾及上下级关系，所以便容易导致传话内容发生变化。"所以我想要一位可以平等相处，跟我一起从零开始的设计师。能够将我无意识中说的话反映在设计中，相处方式愉快且擅长捕捉客户心理……一定有这样的设计师。"最终，山森先生选择了八岛建筑设计事务所。

之后，大概花了两年时间才将设计图纸确定下来。虽说地皮整顿工作也花了不少时间，但不得不承认山森夫妇的"寻找真我之旅"充满了坎坷。

"建成平房，并且要最大化利用地皮的优势。比起欣赏湖景，我们更想让这栋房子成为山景的一部分。"这是山森夫妇对设计的核心要求。但当八岛先生基于此进行最初设计时，山森夫妇看过设计图后觉得空间太小，视觉压迫感太强，并想要更大的收纳空间，以及一处下雨天可以欣赏室外雨景的走廊，于是话题就延伸至是否要追加预算建造第二层，是否要将洗手间改为两代人共用，是否要将山森先生一家的客厅及卧室放到二楼等。

断舍离

"一开始想要大房子的最终目的是为了放置物品。当我看到第二版设计图时，突然意识到购置收纳柜花的钱不少，还需要缴纳固定资产税。当时我想我真是蠢透了，我找设计师，难道就是为了设计收纳柜吗？后来，八岛先生对我说'不忘初心'，我才下定决心精简物品，重新考虑了自己的生活方式。"山森先生说。

左　煤气灶下方是开放式柜橱，拿取方便。
右　更衣室里摆放的玻璃柜产于明治或大正时期，当时用来陈列各类点心。这是在一开始设计时山森夫妇便提出要求设置的。

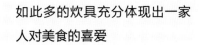

如此多的炊具充分体现出一家
人对美食的喜爱

夫妇俩都很喜欢做菜，厨房墙壁上挂着不同类型的铁制平底锅。一家人一般在厨房吧台吃早餐，吧台还装有脚踏板。

基于山森先生此前的收纳需求，八岛先生故意设计了足够多的收纳柜。对此，八岛先生表示："我认为有必要让山森先生看看只重视收纳的房子是什么样的。比起建设第二层，保留从房子可见山景的视角才是更好的选择。"

几经波折，抛开顾虑，最后成形的就是现在的房子。"当要确定最终方案时，我就想着这栋房子应该要产生剧变了，结果进去后看到的不是墙壁，而是一条近似奢侈的通道。八岛先生，这个地方也太大了吧！"山森先生笑着说。

之后，就进入了施工阶段。进入施工阶段后，这栋房子的进展超乎预想。2014年夏天，山森先生在旅途中顺道去看了一处位于野尻湖的地皮，一眼就相中了，计划在该地皮建造别墅。

"叶山也很舒适，但要想近距离接触大自然还是乡下最合适不过了。采摘一些山间野味，钓一些鲜鱼，再拢一堆火……只有在这里才能重温原始生活方式。想要体验这样的生活，就得趁着年轻，趁现在。"山森先生说。山森先生自小生活在多雪之地，即便这里积雪高达2m他也毫无抵触感。买下位于野尻湖的地皮后，山森先生立马请八岛先生夫妇进行了实地调查，并请他们抓紧设计，以便在第二年冰雪融化之际就可以动工。

与自然融为一体的迷你房屋

房屋设计基本上都交给八岛先生。山森先生只有几点要求：因为会积雪，所以不要设计连廊；想要可以自然积雪的方形屋顶。图纸成形后，山森先生只提出去掉浴缸，以及去掉壁炉这两处修改。

左　鞋柜上的架子也摆放着各种照片及小饰品。
右　玄关走廊也是画廊。山森先生喜欢拍照，走廊墙壁上贴的是他拍摄的孩子们的照片。

大儿子和二儿子的房间。大儿子 11 岁，二儿子 8 岁。今后可能会在房间放入上下铺，没有打造隔墙的打算。

衣帽间。收纳着全家人的服装及背包等。里面有一个拉门与更衣室相通，在浴室洗完澡后便可进入衣帽间进行穿搭，非常方便。

两家人共用的鞋柜。从这里可进入储物间和厨房。

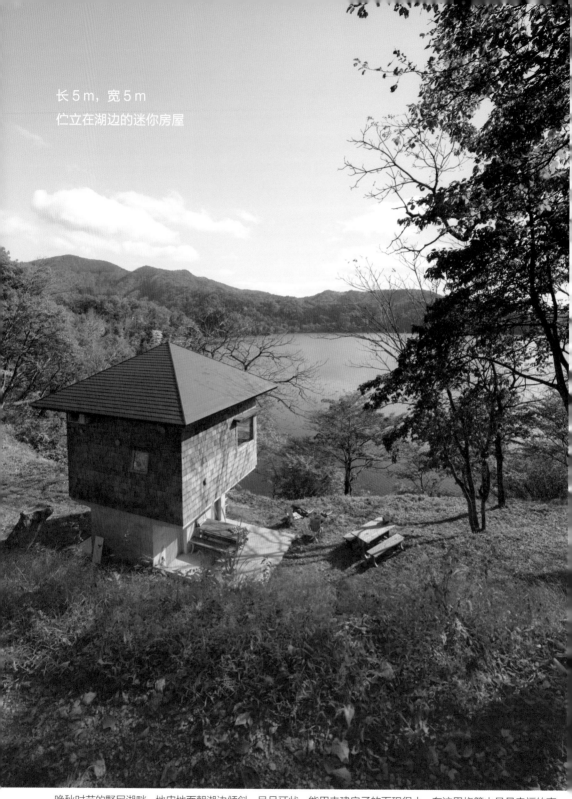

长 5m，宽 5m
伫立在湖边的迷你房屋

晚秋时节的野尻湖畔。地皮地面朝湖边倾斜，呈月牙状，能用来建房子的面积很小。在这里烧篝火是最幸福的事。

既想要固定窗，又想开合，于是就选择了推窗，而非拉窗。室内有暖气。房间虽小，但室内设施一应俱全，一点也不比城市住宅差。

栈桥距离别墅约80 m。冬天下去行走时要穿着踏雪鞋。

享受尚未积雪的晚秋季节。山森先生在11月至下一年3月末会出海捕西太公鱼。"下雪后，这里会变身为银装素裹的世界，景色非常好看。"山森先生说。

客厅位于厨房旁边，兼餐区功能，透过客厅窗户可眺望湖景。窗户外边伸展的枝叶是胡桃树。

对此，山森先生表示："我的基本理念就是无须打扫。滑完雪后直接去泡温泉即可，调整壁炉的温度也很麻烦，我不喜欢从大雪中回来后屋子还不能马上暖起来的感觉。"

山森先生说，他只想享受这里的景色。但八岛先生的团队认为山森先生并不只是想要一个山间小屋，而是需要一间空间分明、精致小巧的有特色的山间别墅。最终，在预算与质量的综合考虑下，八岛先生设计出了火柴盒大小的长宽均为 5 m 的住宅。山森先生一开始惊讶于房屋面积之小，但看过图纸后发现衣食住所需区域一应俱全，空调及暖气也能辐射整个区域，舒适感完全不输给市中心的住宅。

外墙壁用雪松木板贴面。这一带降雪较多，屋顶一般是单坡顶，但考虑到积雪只堆积到一边不太好，就采用了全方位斜坡顶。

　　不过，室外工作堆积如山，比如要割草、要用链锯清理倒下的树木、冬天还需要清理栈道上的积雪。下大雪时，车辆无法在泥路上通行，需要穿着踏雪鞋去搬运停在半路的食材。山森先生说："离开时，需要将垃圾带走，携带垃圾爬坡非常费劲，为了减少垃圾产生，我们一般都买最低限度的食材，奉行光盘原则，希望能让孩子们从小就体验这样的生活，并从中学到什么就好了。"

厨房占地面积较大。"食"是山森一家的重头戏。

阁楼，空间很大，一家四口可平躺。上方就是屋顶，非常惬意。

山森先生介绍说，室内不需要暖炉。在室外可以简单享受烤火的乐趣。

饱览自然景色"空空如也"
才是最大的奢侈

前住户有船，所以建了栈桥。坐在栈桥上能听得见蝉鸣鸟叫声，令人沉静放松。

孩子们上学期间，山森先生一般每个月来一两次，待五天左右。"现在我们已经进入一个可以居家办公的时代。只要使用邮件及网络工具，我们可以在任何地方办公，比如在叶山町、在野尻湖、在山里、在森林里——不过，在海里可不行。"山森先生被自己的玩笑逗乐了。

丰富心灵的"小小一步"

"您在这里已生活了五年，您觉得您自身有什么变化吗？"我问山森先生。"我更喜欢和人群相处了。以前家里招待客人时，我一般都是叫外卖，但现在我愿意以轻松的心态和人交往，愿意深入了解他人了。我们还会和几家邻居一起每家都做一点菜，聚在一起喝酒聊天，开心得不得了。我们现在能过上这样的生活，完全得益于这个家。"山森先生回答道。所有的事物都源于人与人之间的交往，既然喜欢上了社交，今后山森先生一家一定会辗转于多地生活吧。紧跟时代步伐，忠于自己的内心勇敢前行，而正是这迈出的小小一步，让生活和工作变得更加精彩。在这样的生活环境下，与朋友或者邻居们携手共同做点事情，生活蕴含着无限可能！

"周末，我们和岳父岳母会分别将做好的饭菜从自己家里拿到院中餐桌上，边乘凉边吃饭。我经常想，我们之所以能享受到如此美好的时光，正是因为我们拥有如此别致优雅的房子与庭院。"

"真的，只需要一点点改变，生活就会变得美好。"山森先生话音刚落，我就听到从树荫下的庭院里传来了阵阵虫鸣。

左　厨房里侧有一个阁楼，是山森先生的专属小屋。透过窗户可眺望海景。
中　地板到天花板之间并没有设置骨架，而是采用固定窗设计。
右　房子背后的小山坡有一片梅子林。

好客又活跃的一家人。平日里会邀请邻居来院中做客，或者和父母在院中一起吃饭。

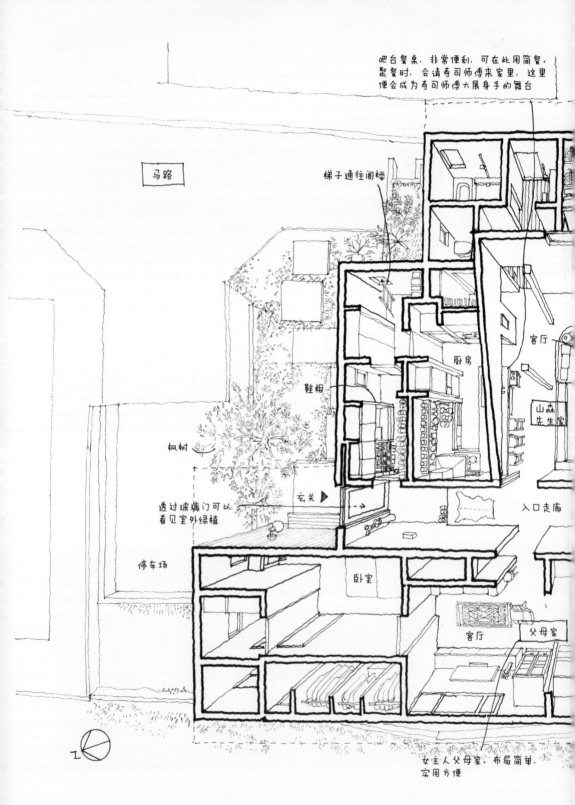

吧台餐桌，非常便利，可在此用简餐。
聚餐时，会请寿司师傅来家里，这里
便会成为寿司师傅大展身手的舞台

马路

梯子通往阁楼

客厅

厨房

山森
先生家

鞋柜

枫树

透过玻璃门可以
看见室外绿植

玄关 ▶

入口走廊

停车场

卧室

客厅

父母家

女主人父母家，布局简单，
实用方便

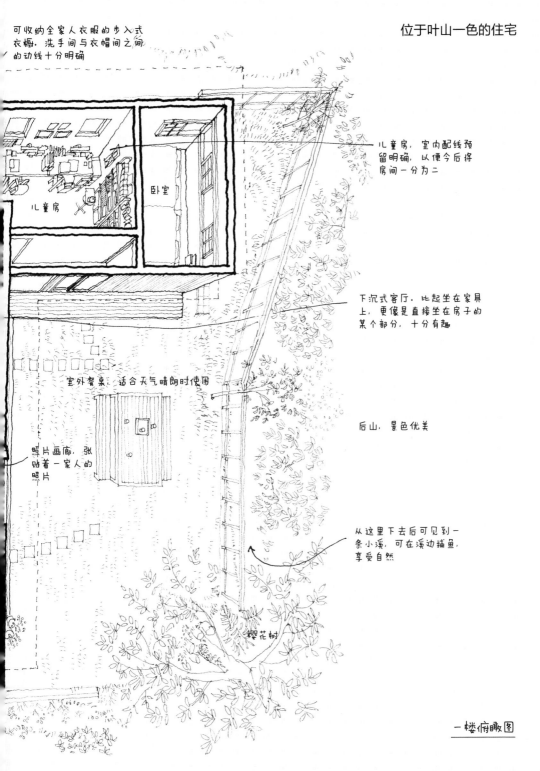

可收纳全家人衣服的步入式
衣橱，洗手间与衣帽间之间
的动线十分明确

位于叶山一色的住宅

儿童房

卧室

儿童房，室内配线预
留明确，以便今后将
房间一分为二

下沉式客厅。比起坐在家具
上，更像是直接坐在房子的
某个部分，十分有趣

室外餐桌，适合天气晴朗时使用

后山，景色优美

照片画廊，张
贴着一家人的
照片

从这里下去后可见到一
条小溪，可在溪边捕鱼，
享受自然

樱花树

一楼俯瞰图

山森先生的小别墅，临湖畔
一楼是钢筋混凝土结构，二楼是木造结构
面积很小，长 5 m，宽 5 m，适合休闲放松

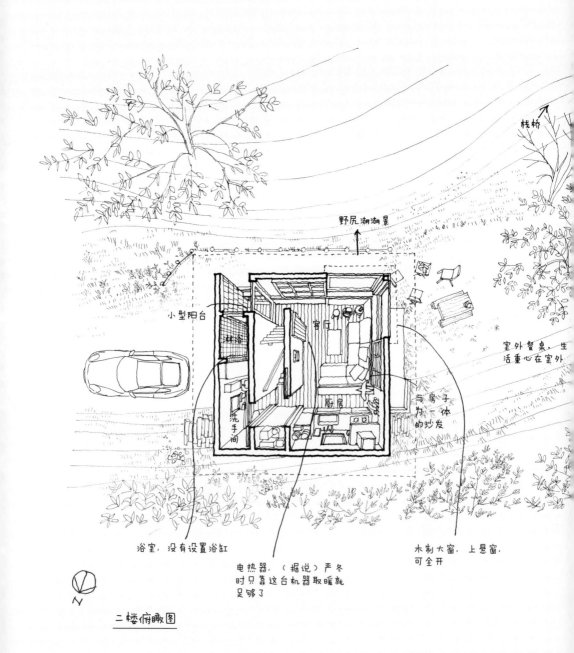

栈桥

野尻湖湖景

小型阳台

宾厅

淋浴

厨房

室外餐桌，生活重心在室外

洗手间

与房子为一体的沙发

浴室，没有设置浴缸

电热器，（据说）严冬时只靠这台机器取暖就足够了

木制大窗，上悬窗，可全开

N

二楼俯瞰图

位于野尻湖的住宅

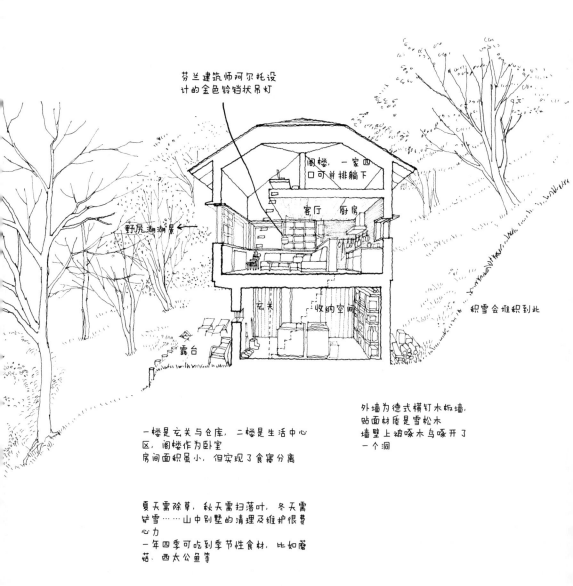

芬兰建筑师阿尔托设计的金色铃铛状吊灯

阁楼, 一家四口可并排躺下

客厅　厨房

野尻湖湖景

积雪会堆积到此

玄关　收纳空间

露台

外墙为德式横钉木板墙, 贴面材质是雪松木
墙壁上被啄木鸟啄开了一个洞

一楼是玄关与仓库, 二楼是生活中心区, 阁楼作为卧室
房间面积虽小, 但实现了食寝分离

夏天需除草, 秋天需扫落叶, 冬天需铲雪……山中别墅的清理及维护很费心力
一年四季可吃到季节性食材, 比如蘑菇、西太公鱼等

剖面图

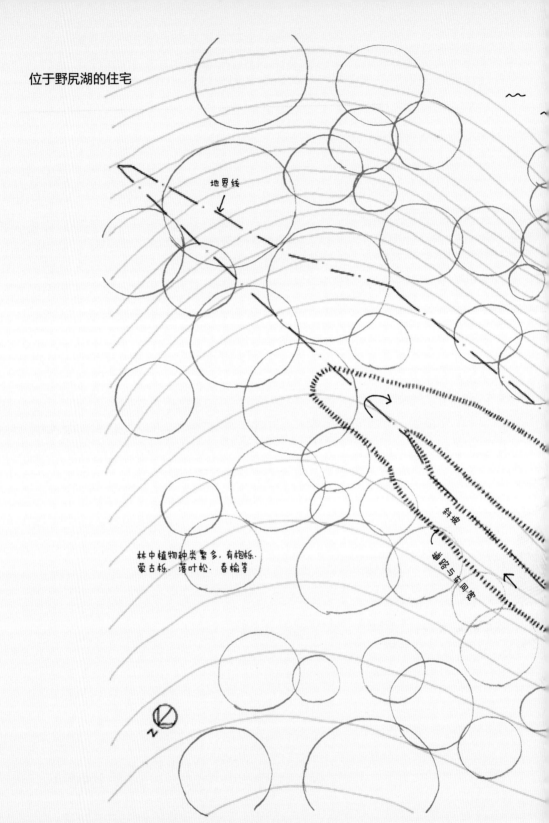

位于野尻湖的住宅

地界线

林中植物种类繁多，有枹栎.
蒙古栎. 落叶松. 春榆等

斜坡

道路与车同宽

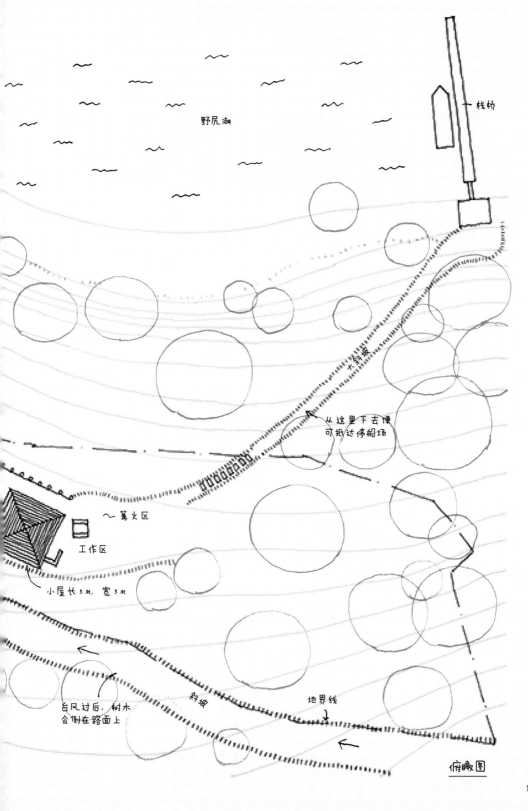

野尻湖

栈桥

十斜坡

从这里下去便
可抵达停船场

篝火区

工作区

小屋长5m，宽5m

台风过后，树木
会倒在路面上

斜坡

地界线

俯瞰图

两家之距离

设计二世同堂住宅时，首先要考虑的就是两代人之间的距离感。即便是亲子，只要年龄不同，生活方式就不同，更别说是两家人了。生活中要共享哪些部分、见面的频率等，每家人都有不同的想法。位于叶山一色这栋住宅便是在一处建筑里建了两栋独立的房子，住着两代人。

地皮位于山坡尽头，是在土地开发规划中划分出来的一块区域，西南侧临山，部分阳光便被挡住。虽然午后光照条件较差，但房子本体遮挡住马路，可以享受远离嘈杂声的自然风光。

需要设计一栋可供两代人居住的房子，一户住户是山森先生一家四口，另一户住户是山森先生的岳父岳母。从外面看时只能看出房子是平房，窗户少，无梁柱，但进入室内后一条径直通向庭院的走廊便会映入眼帘，令人印象深刻。走廊是公共区域，但山森先生一家及其岳父岳母拥有相互独立的生活空间，互不干扰。虽然走廊看上去有点浪费空间，但对于山森先生一家来讲却是不可或缺的缓冲带。缓冲带这种说法可能过于夸大，但走廊确实可以调和气氛。如果将两家的门都打开，此时走廊又能成为连接两家人的纽带。

山森先生一家所在的房子客厅临庭院，客厅四周还分布着家用衣橱及食品库等收纳区。客厅兼餐厅连为一体，呈开放式，地面有高有低，有助于改变视线，便于人多时各自活动。山森先生岳父岳母所在的房子餐厅也临庭院，北侧里边是客厅、卧室及洗手间。在考虑光照的基础上，我将房子屋顶设计成了锯齿形，与山相呼应，利于东边阳光进入室内。只要不进院子，两家人就无法看到对方的生活。另外，庭院里还有一张室外餐桌，方便聚餐。

另一处住宅则位于长野县野尻湖畔，是山森先生一家专用的一栋小别墅。穿过一条看不见任何建筑物的山间小径后，便可看见呈四边形的小小房屋，长宽均为 5 m，视野开阔，户外景色优美。这里生活条件控制在最简，一楼是玄关和仓库，二楼是 LDK 和洗手间，客厅挑空上方是一个小卧室，一家四口可并列平躺休息。考虑到积雪及湿气的影响，一楼是钢筋混凝土结构，二楼则是混合式木造建筑，四周朝外突出。客厅宛如观景台，视野极佳。

业主山森先生选择在同一时期建造这两栋住宅，除了要考虑两处房屋的距离，还需要考虑自然景色差异、内部结构、格局以及两家人之间的距离感等。位于叶山一色的住宅面积广阔，可拉近家人之间的距离，与家人共享天伦之乐；位于野尻湖的住宅面积虽小，却能保证基本生活。面积广阔的住宅与功能一应俱全又不乏别致的住宅之间形成了鲜明对比。我想，正因如此，在不断往来的生活中，山森一家的心境也会随之变得平和，变得幸福。

位于叶山一色的住宅

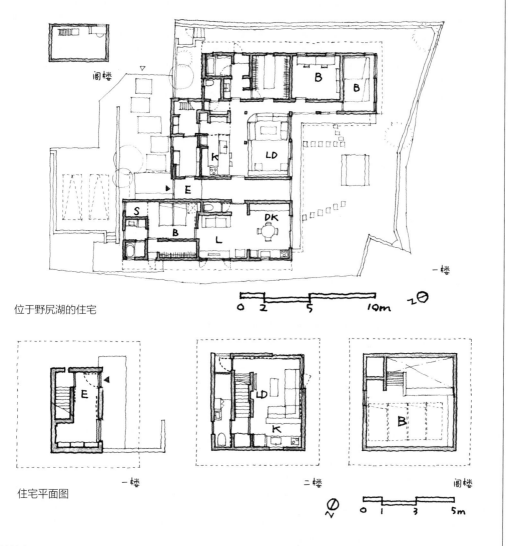

阁楼

位于野尻湖的住宅

住宅平面图

一楼

二楼

阁楼

一楼

建筑信息

地址：日本神奈川县三浦郡
总面积：498.77 m²
使用面积：194.32 m²（一楼：194.32 m²）
竣工时间：2015 年

地址：日本长野县上水内郡
总面积：2 159 m²
使用面积：36.73 m²（一楼：11.68 m²，二楼：25.05 m²）
竣工时间：2015 年

山丘上的白色方舟

位于山手町的住宅

工住两用住宅可应对今后的无限变化。

发现每一天里的小小幸福，将这份小幸福延长至 5
年后、10 年后……

希望房子能带来安心、安稳及对明天的期许。

这是八岛建筑设计事务所所秉承的设计核心理念。

伫立于山坡尽头，
纯白色的三角形屋顶

三角形屋顶及纯白色外观继承了上一户的建筑风格，意在留存旧街记忆。右边是房子入口，
左边是八岛建筑设计事务所入口，事务所位于地下一层。

通往事务所的楼梯口。走下楼梯后就可来到事务所，仿佛潜入冬青树底下一般。

真是一条令人惊讶的坡道。周围无行人来往。这一片住宅区近山，远离游客络绎不绝的中华街及热闹非凡的元町，安静又惬意。

沿道路往前走，一栋三角形屋顶的白色住宅映入眼帘。事务所入口远离房子玄关，位于停车场旁边的地下一层，停车场临马路，地下通道周围树木葱郁，毫无阴暗之感。甚至还有一块庭院里面种满了花草树木，无围墙，临马路，放着一把供行人落座的长椅，像是对外开放的公园一角。早晨，从家里出来行至通道，然后慢慢行至长椅前再进入工作区，家与事务所之间的距离刚好可用于切换心情。

与理想之地的相遇

八岛夫妇自创办事务所以来，主要在老家横滨一带开展工作。婚后，他们一直住在一室一厅的租赁公寓，仅能满足基本的"食""寝"需求。从那时起，他们就在工作之余寻找合适的地皮，最终在忙于育儿之际找到了一块心仪的地皮，地皮上还有一栋旧房。

"这块地皮应该能满足我们的需求。面积小，有特点，这一带再也找不到第二块了。地皮正面宽度较宽，可将家的入口与事务所的入口分开，北侧临马路，房屋高度不会受到限制。而且这一带刚好是旅游胜地，方便客户在游玩之际顺道过来咨询。当时，我就觉得这里非常符合我们的心意。"八岛先生说。

等一切谈妥之后，八岛先生就立马买下了这块地皮。唯一遗憾的是住宅房龄已 27 年，由建筑公司所建，八岛先生夫妇的预算在买完地皮后所剩无几，无余力进行重建。迫于现状，他们决定先最低限度地修缮漏雨处及破损地面，在旧房子里暂时住一段时间。

左　从地下通道再下一层后，便可进入事务所。天花板是木板贴面。
右　书房一角摆放着彩色铅笔，以便及时将灵感绘制成画。

经过地下通道进入事务所，墙壁上树影斑驳。楼梯旁边有长椅及室外卫生间。

"之前的房子特别冷，从天窗进入室内的冷风简直肉眼可见。木板缝隙间经常会有蚂蚁出没，可让我们苦恼死了。"夕子女士苦笑着说。

"不过，也有好的地方。我住进来后发现这一块的窗户让视觉变得非常宽阔，挑空也让家连为一体，乐趣横生。客厅铺着地毯的台阶可以还坐下，用来休息。最大的发现是阁楼窗户的风景非常棒。这些发现在我们重新设计房子时起了很大的作用。"夕子女士补充道。

畅想未来，重建新屋

在旧房子里生活了一年后，就发生了东日本大地震。由于横滨震感强烈，八岛事务所受损严重，不得不搬迁至其他地方，而且震后短时间内没有接到任何设计订单。这一年夏天八岛先生家所在区域还遭遇了大型台风，家里屋顶上破损不堪的封檐板被风吹起砸到了邻居家，真可谓是屋漏偏逢连夜雨。

那段时期简直就是人生低谷，八岛先生购买地皮时的贷款尚未还完，还要支付事务所的租金。一般情况下，当事人都会讨论如何渡过这一难关，而八岛先生的反应却截然不同。"既然事情已经发展到这个地步，不如趁此机会重建，现在还有震前的订单，可以支撑一阵子。接下来没有订单的话，工作可能会停滞几年，要找银行贷款，现在就是最好时机。我还去找父母商量了一下，毕竟有时候我们也需要父母的支持嘛。"八岛先生回忆道。处变不惊，正是八岛先生的这种乐观天性帮助他们度过了那段艰难时光。

左　八岛夫妇最近沉迷于养青鳉鱼。可能是石鱼缸适合鱼类生存，青鳉鱼长得很大，听说还能在里面过冬。
右　车库绿意盎然，可搬把椅子坐在外面看书，也可在此处熏制食物。八岛夫妇的爱车——两辆电动车也停放在这里。

挑空下面是客厅及餐厅。为了能近距离感受到绿意，在窗台摆放了盆栽。

由于这里地处风景区，根据日本政府出台的法规，需将外墙靠里，这就导致地皮可用面积变小，只能通过增加楼层扩大可利用空间。于是，八岛先生将事务所设置在地下，一楼设置为会客厅，二楼和三楼则是个人生活区。"以后，我父母可能会住在一楼，等到父母百年之后，我们则会搬去一楼，把楼上的区域让给孩子们。如果届时我们不再做设计工作了，可能会把地下一层租出去。在充分考虑将来的基础上设计房子，这一点至关重要。"八岛先生说。

会客厅内有单独的洗手间、玄关等，近似独户。"看，这间待客室与客厅中间用一道拉门隔开，对住户及客人都非常友好。主客彼此间都有各自的生活节奏，早上还能听到厨房准备饭菜的声音，大家聚在一起热闹过后，便可回到各自的空间休息。"除了父母及朋友，忙季时事务所的员工偶尔也会住在这里，甚至还会用来接待前来咨询的远道而来的客人。另外，八岛先生还会在这里给大学生们开线上讲座。

家门口处有一段很陡的楼梯，爬上去后便会进入视野极佳的二楼客厅。客厅的窗户十分开阔，通过窗户可眺望到远处的东京晴空塔。厨房藏在餐厅里侧，宛如驾驶室一般，如此场景切换十分有趣。厨房一旁的食品储藏室显得比较紧凑，通往卧室的走廊也被用作储物区，走廊尽头是洗手间的窗户，可以起到开阔视野及通风的作用。"在小家中尽量不出现单一功能空间"，这是八岛先生的设计风格。

客厅屋顶挑空上方吊着一个形似满月的吊灯，夺人眼球。坐在沙发上时，灯光恰到好处，使人心情放松。吊灯对面若隐若现的是二楼孩子卧室的窗户，与挑空相连。楼梯上铺着地毯，可用来休息。三楼楼梯上的平台可以让人坐下来安静沉思。再往上的楼梯平台连接着屋顶，非常隐秘，从别的地方看不到，但是在上面能听到楼下的说话声。这里也被用作钢琴室及书房。

左　穿过车库侧面便进入南侧的院子，院子呈狭长形。
右　右侧是会客厅的入口，左边是自家入口。

起初打算将客厅与餐厅分隔开，但后来设计成了可以舒适用餐的沙发角。桌子可以滑动，方便进出。

卧室一角的迷你书房。

厨房一角的开阔视野。

地皮上原有的旧房储藏室视角下的室外景色非常好看，这是将客厅、餐厅设置在该位置的决定性因素。早上阳光从东边照进室内，还可遥望位于东南方位的房总半岛。

舒适宜居是不变之本

夕子女士的母亲生前曾在这里住过一个多月，据说，她生前曾说道："家里面的景色很好。"景色并非指"窗外景色"，而是"室内景色"。当时，她的身体状况已恶化，无法独自一人生活在一楼的会客厅，而是住在二楼卧室，只有在身体状况好的时候才会坐着轮椅来到客厅。

平日里使用的碗筷盆碟基本都放在窗户边的
橱柜里。

临客厅的厨房墙壁是半封闭式，只留出了一
个小窗。

厨房的窗户面积很小，秉承空间利用最大化的理念，将墙壁也用作炊具收纳区。

卧室面积仅够放下两张床，好在窗户是连通的，并无视觉压迫感。

楼梯上方的平台用途广泛。正对面的小门是"茶室入口"，茶室面积虽小，但不乏格调。茶室名为"俵屋"，偶尔会用来储物，无法对外展示。

走廊深处是洗脸更衣室。左边的收纳柜底下放着洗衣机。

斜屋顶下方是
天空色的秘密基地

屋顶下的儿童房洋溢着生气。从面朝挑空的窗户另一侧传来八岛夫妇聊天的声音。拉上拉窗后，这里便会成为封闭式空间。

　　"建房时，我们家其实非常艰难。除了住的房子，还建了事务所、会客厅。正年还说：'将来岳母需要人照顾时，可以把她接过来和我们一起住。'当我听到这句话时，真的非常感动。"夕子女士说。

　　"当时，我感觉房子就像'挪亚方舟'。我们边畅想未来边推进工作，内心充满了希望。我心中会禁不住感叹：真好啊！这就是我们的家，真好啊！"夕子女士的声音很平静，但却动

L 形餐厅，无视线遮挡物。餐桌由汉斯·瓦格纳设计，从婚后一直使用至今，家人非常喜欢。

人心弦。

　　其实，几年前我和八岛夫妇商谈出书事宜时，就已来过位于地下的八岛设计事务所。不过，我特意没有去参观他们的家。因为我觉得他们的家是八岛设计理念集大成之作，如果我首先参观了这里的话，等我再参观其他住宅时，感动就会减少。

于是，我选择最后再来八岛先生的家参观。出乎意料的是，这是一处极其普通的家，八岛夫妇的人生也像芸芸众生一样，跌宕起伏，有苦有甜。这处住宅与我之前参观的其他住宅一样，充满生活气息与温度，极富八岛设计风格。"我们设计每一栋房子时都是同样的想法。"八岛先生说。"换种说法，我们在为客户设计房子时，总会去想，如果是自己的话，我们会想要什么样的房子。"夕子女士补充道。八岛夫妇认为："每一处地皮或住宅之间都存在差异，而设计时却是有诸多共通点的，比如，在这块地皮上能做什么、如何设计才能让住户舒适惬意等。这些共通点与住户无关，是设计不变之本。"

　　人们对于房子的需求其实非常简单，基本不会随着时代的变化而变化。即便不外出，在种满花草的小小庭院中也能享受自然之美。冬天在窗户边撒一些食物，便会引来山雀和鹎鸟驻足。停车场里摆放着鱼缸，青鳉鱼在水中游来游去，搬把椅子出来，既能安静读书，也能在这里熏制食物。今后，这里可能还会遭遇自然灾害，但我相信在这里生活的每一天都会充满幸福。

　　我的脑海中突然就浮现了我与创业初期的八岛夫妇见面时的情景。那时，八岛先生带我来到了一处位于海边的幼儿园。那里是犹如地窖般的"幻想曲之家"，需要侧着身子才能进入，我至今无法忘怀当时涌上心头的喜悦与八岛先生孩童一般的笑脸。虽然时隔多年，但八岛夫妇对于建筑的爱却未曾发生改变。在回家途中，我禁不住回头看了一眼八岛先生的家，发现不远处继承旧家记忆的纯白色屋顶宛如随风飘扬的船帆，成为十分独特的街景。

左　在秘密基地沉浸于手工的父子俩。
右　屋顶阳台上栽种了很多香草，可用于做菜。

楼梯下方的拉门是客厅入口。"电视放在进门时看不到的地方比较好。"八岛先生说。

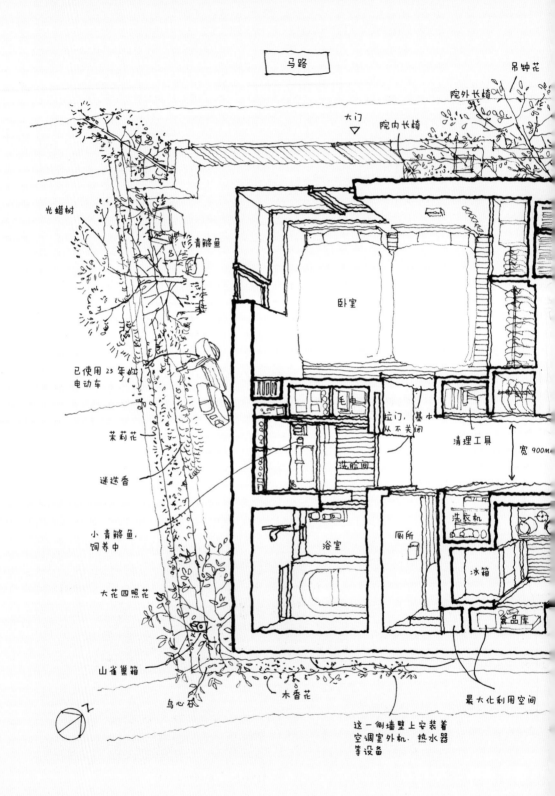

马路

吊钟花

院外长椅

大门

院内长椅

光蜡树

青鳉鱼

卧室

毛巾

拉门,基本从不关闭

清理工具

宽900mm

已使用23年的电动车

茉莉花

洗脸间

迷迭香

浴室

厕所

洗衣机

小青鳉鱼,饲养中

冰箱

大花四照花

食品库

山雀巢箱

木香花

最大化利用空间

鸟心石

这一侧墙壁上安装着空调室外机·热水器等设备

北

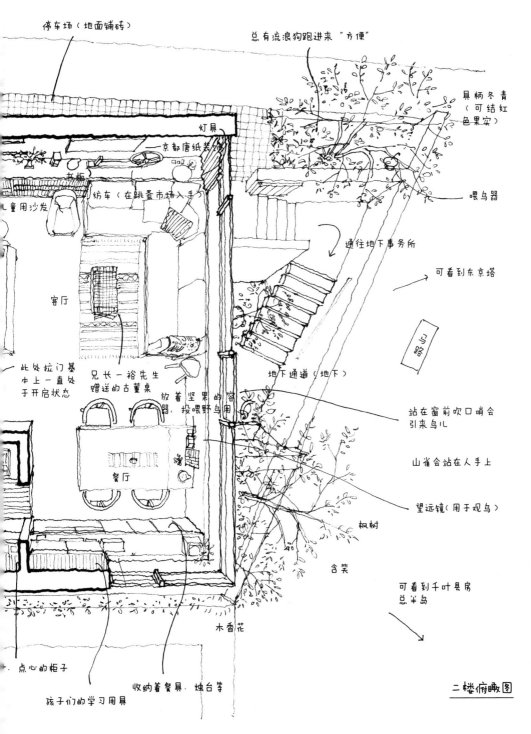

停车场（地面铺砖）

总有流浪狗跑进来"方便"

具柄冬青（可结红色果实）

灯具

京都唐纸装饰

书板

纺车（在跳蚤市场入手）

儿童用沙发

喂鸟器

通往地下事务所

客厅

可看到东京塔

马路

此处拉门基本上一直处于开启状态

兄长一裕先生赠送的古董桌

放着坚果的容器，投喂野鸟用

地下通道（地下）

站在窗前吹口哨会引来鸟儿

餐厅

山雀会站在人手上

望远镜（用于观鸟）

枫树

含笑

可看到千叶县房总半岛

木香花

点心的柜子

收纳着餐具·烛台等

孩子们的学习用具

二楼俯瞰图

217

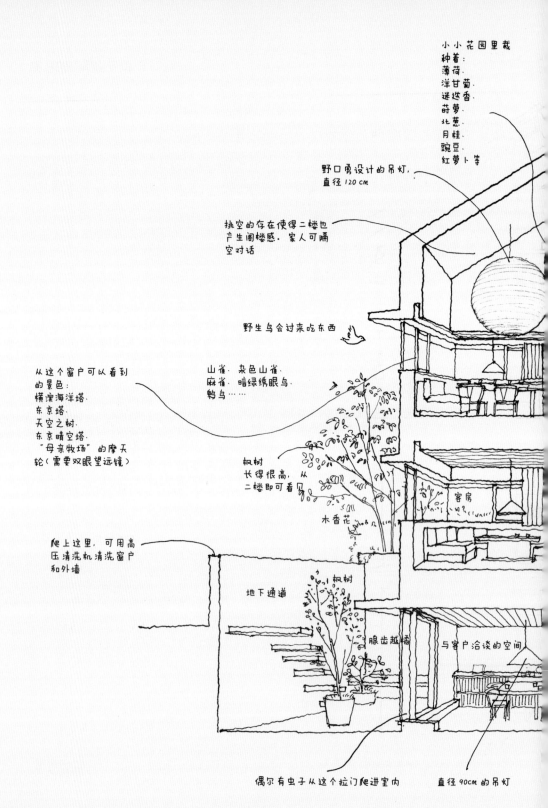

小小花园里栽
种着:
薄荷.
洋甘菊.
迷迭香.
莳萝.
北葱.
月桂.
豌豆.
红萝卜等

野口勇设计的吊灯.
直径120cm

挑空的存在使得二楼也
产生阁楼感. 家人可隔
空对话

野生鸟会过来吃东西

从这个窗户可以看到
的景色:
横滨海洋塔.
东京塔.
天空之树.
东京晴空塔.
"母亲牧场"的摩天
轮(需要双眼望远镜)

山雀. 杂色山雀.
麻雀. 暗绿绣眼鸟.
鹎鸟……

枫树
长得很高, 从
二楼即可看见

木香花

爬上这里, 可用高
压清洗机清洗窗户
和外墙

客房

地下通道

枫树

腺齿越橘

与客户洽谈的空间

偶尔有虫子从这个拉门爬进室内

直径90cm的吊灯

近一时兴起在玻窗上
了金箔

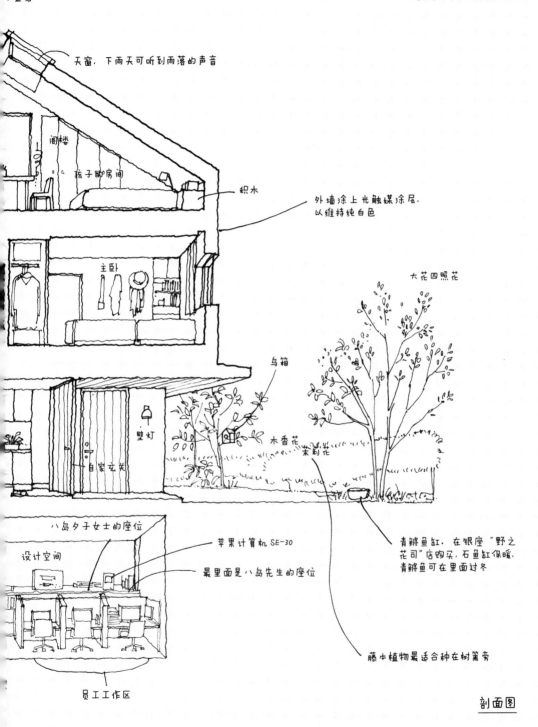

天窗，下雨天可听到雨落的声音

阁楼

孩子的房间

积木

外墙涂上光触媒涂层，
以维持纯白色

主卧

大花四照花

鸟箱

木香花

茉莉花

壁灯

自家玄关

青鳉鱼缸。在银座"野之
花司"店购买，石鱼缸保暖，
青鳉鱼可在里面过冬

八岛夕子女士的座位

苹果计算机 SE-30

设计空间

最里面是八岛先生的座位

员工工作区

藤本植物最适合种在树篱旁

剖面图

工住一体

　　这栋住宅是我们自己住的房子兼事务所。房子所在地靠近景区，因当地有环境开发限制，所以这一带的住宅区安静又祥和。附近的西式建筑也不少，非常适合散步。考虑营业因素的话，事务所的选址还是应该选在这种客流量大的地方。

　　刚开始工作时，我们并没有将工作与生活分开，那时候觉得在同一屋檐下边享受天伦之乐边完成工作是一件非常美好的事情。

　　当决定将生活区与工作区设计在一起时，我们意识到两者之间有必要保留适当距离。既不想将生活气息带入工作区，也不想将工作带回家里，于是决定将两者分开，使其界限分明。不仅是我，我的家人、事务所员工及客户估计也是一样的看法。基于此，首先定下的就是要明确独立空间。由于地皮面积小，所以只能通过增加楼层来扩大使用空间，在此基础上再为各个楼层分配功能。

　　地下一层是设计事务所，一楼是会客厅，再往上是生活区。地皮面积小却要容纳众多设计要素，所幸这是自己住的房子，与其他设计相比，可商量的余地较大。所以整个设计过程像是拼拼图一般，总体是十分流畅的。

　　地皮面积过小时，就需要慎重考虑很多事情。设计事务所的工作多需伏案，如何设计采光与换气着实让人苦恼了一段时间。采光问题可以通过设置灯具来解决，但最重要的是要保障员工不会因工作时间长短或天气变化而出现胸闷等不适症状。为避免这种问题出现，我们在事务所外面设计了一条无屋顶地下通道，然后在通道附近放了一把石椅，栽种了许多绿植，以营造出事务所入口的氛围。将事务所的洗手间设置在了通道旁，之所以这样做主要是因为事务所面积略小，若将洗手间放在室内，员工和客户不方便使用。对于洗手间的位置，大家既有惊讶也有感动。

　　一楼会客厅和二、三楼的生活区布局非常紧凑，但在客厅及厨房都留了一扇窗，以开阔视野。另外，在走廊及楼梯等人来人往的地方也留了窗，以便通风采光，还在家里所有墙壁上都设计了装饰台等。为了最大化地利用有限空间，除了收纳区外我们还定制了具有收纳功能的家具，楼梯平台兼作钢琴室，走廊兼储物室等。这栋住宅的所有设计都是基于我们的具体生活需求而成形的。

　　走出家门，边与邻居打招呼边往前走，走几步就是事务所。家与事务所之间的距离远远算不上是上班距离，但下雨天不打伞还是会被淋湿，这段距离刚好可以将工作与生活加以区分。现在，我们已经迎来居家办公的时代，而这处住宅与我们的生活方式非常契合。

建筑信息

地址：日本神奈川县横滨市

总面积：142.18 m²

使用面积：157.72 m²（地下：55.61 m²，
　　　　　一楼：45.86 m²，二楼：56.25 m²）

竣工时间：2013 年

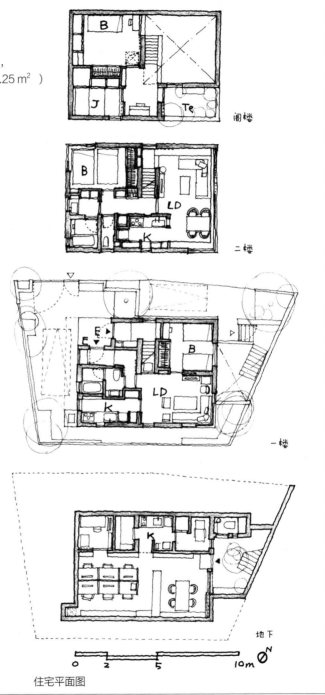

阁楼

二楼

一楼

地下

0　2　　5　　　　　10m　N

住宅平面图

后记

交房几年后，我们一般会以维修及采访为由再次拜访客户家。此时，一般会有些紧张，想要知道客户在我们所设计的房子里是否获得了自己想要的理想生活。如果客户告知他们在这里生活得很开心，房子设计得很棒，我们也会跟着开心，会松一口气。当我们看到房子与住户一家的生活紧密相融时，我们会感慨，住户与房子一起创造着新的故事。然而，由于时间有限，我们一般无法询问住户如何享受生活，无法了解住户的详细生活细节。很多时候，我们总是以"下次有机会再聊吧"匆忙收场。

一天，久保彩子编辑找我们商谈出书事宜，这对于我们来讲是求之不得的事情。当时，我们觉得不仅要向各位读者展示住宅的精美照片，还要详细介绍住宅如何融入住户生活，以及住户的生活现状。把住宅从设计到交房的故事介绍给读者，这样的书一定会深受读者喜欢。

若想要从住户那里获得真实可靠的生活现状信息，比起设计者，与住宅毫无关联的第三者更适合承担采访角色。于是，我们就邀请了长町美和子女士负责采访。通过采访，我们获得了很多信息，比如从住户冒出想建房这个想法到定下设计者这个迂回曲折的过程、设计过程中住户的所思所想所感、搬进去后生活的变化、现在的心境及想法等。住户在熟悉的家中一角所阐述的"过去"与"将来"，充分体现了他们的活法以及对家人的重视，每个故事都寓意深刻。这本书并不是八岛事务所的作品集，而是点缀每一位住户今后生活的故事集。通过采访，我们再次感受到这本书的主角是每位住户，我们只是一个契机，是接受这些故事的"容器"。

每一章节都始于一幅绘画，这一幅幅画完美地诠释了我们心中所想。与设计时相同，绘画时我们也时刻想象着住户的生活，用色彩将脑海中无法成形的场景绘制成图。另外，每一章节都终于俯瞰图，以便读者进一步深入了解房屋格局与构造。同时，我们也希望俯瞰图能帮助读者想象每栋住宅里的实际生活场景，希望读者能够通过俯瞰图感受到设计图纸及模型无法展现及传达的部分。

　　最后，我们想向为本书编辑及为出版付出诸多心血的各位工作人员表示衷心的感谢。

　　非常感谢在百忙之中接受采访的各位住户。感谢循序渐进抛出问题，抓住重点负责写稿的长町女士；抓拍了很多日常生活场景的摄影师键冈龙门先生；耐心等待我们完成绘图及俯瞰图并负责本书设计的三上祥子女士；长期跟进本书策划并想出《住宅物语》书名的久保编辑……非常感谢大家的付出与努力。另外，也非常感谢一边兼顾设计工作一边帮忙写稿的同事尾田先生，及一直以来与我们并肩作战的各位同事。借此机会，向大家致以由衷的感谢。

八岛正年、八岛夕子